全国主推高效水产养殖技术丛书

全国水产技术推广总站　组编

名优龟类高效养殖致富技术与实例

张秋明　主编

中国农业出版社

丛书编委会

本书编委会

主　编　张秋明　广西壮族自治区水产技术推广总站
副主编　黄艳阳　广西南宁科阳生物科技有限公司
　　　　陈学洲　全国水产技术推广总站
编　委　黄伟德　钦州市水产技术推广总站
　　　　郑东艳　广西龟鳖产业协会
　　　　尹炳坤　广西金斛发农业科技有限公司
　　　　谢光华　广西大学-东盟动物种源基地龟鳖繁育中心
　　　　王大铭　北海市宏昭农业发展有限公司
　　　　陈　琳　广西大学-东盟动物种源基地龟鳖繁育中心
　　　　罗嘉宾　广西龟鳖产业协会
　　　　钟瑞鹏　钦州市石金钱养殖有限公司
　　　　潘喜玲　广西壮族自治区水产畜牧兽医局
　　　　凌耀所　广西龟鳖产业协会
　　　　李庆照　广西龟鳖产业协会
　　　　包卫名　广西大学-东盟动物种源基地龟鳖繁育中心
　　　　张泽君　广西大学-东盟动物种源基地龟鳖繁育中心
　　　　陈　保　广西龟鳖产业协会
　　　　邓泽春　广西金斛发农业科技有限公司
　　　　梁志玲　广西金斛发农业科技有限公司
　　　　吕丽虹　广西壮族自治区水产技术推广总站
　　　　赵忠添　广西水产科学研究院
　　　　刘　颂　南宁市武鸣区灵马镇水产畜牧兽医站
　　　　毕　悦　江苏省扬州毕善龟水产养殖有限公司

丛书序

我国经济社会发展进入新的阶段，农业发展的内外环境正在发生深刻变化，加快建设现代农业的要求更为迫切。《中华人民共和国国民经济和社会发展第十三个五年规划纲要》指出，农业是全面建成小康社会和实现现代化的基础，必须加快转变农业发展方式。

渔业是我国现代农业的重要组成部分。近年来，渔业经济较快发展，渔民持续增收，为保障我国“粮食安全”、繁荣农村经济社会发展做出重要贡献。但受传统发展方式影响，我国渔业尤其是水产养殖业的发展也面临严峻挑战。因此，我们必须主动适应新常态，大力推进水产养殖业转变发展方式、调整养殖结构，注重科技创新，实现转型升级，走产出高效、产品安全、资源节约、环境友好的现代渔业发展道路。

科技创新对实现渔业发展转方式、调结构具有重要支撑作用。优秀渔业科技图书的出版可促进新技术、新成果的快速转化，为我国现代渔业建设提供智力支持。因此，为加快推进我国现代渔业建设进程，落实国家“科技兴渔”的大政方针，推广普及水产养殖先进技术成果，更好地服务于我国的水产事业，在农业部渔业渔政管理局的指导和支持下，全国水产技术推广总站、中国农业出版社等单位基于自身历史使命和社会责任，经过认真调研，组建了由院士领衔的高水平编委会，邀请全国水产技术推广系统的科技人员编写了这套《全国主推高效水产养殖技术丛书》。

这套丛书基本涵盖了当前国家水产养殖主导品种和主推

技术，着重介绍节水减排、集约高效、种养结合、立体生态等标准化健康养殖技术、模式。其中，淡水系列14册，海水系列8册，丛书具有以下四大特色：

技术先进，权威性强。丛书着重介绍国家主推的高效、先进水产养殖技术，并请院士专家对内容把关，确保内容科学权威。

图文并茂，实用性强。丛书作者均为一线科技推广人员，实践经验丰富，真正做到了“把书写在池塘里、大海上”，并辅以大量原创图片，确保图书通俗实用。

以案说法，适用面广。丛书在介绍共性知识的同时，精选了各养殖品种在全国各地的成功案例，可满足不同地区养殖人员的差异化需求。

产销兼顾，致富为本。丛书不但介绍了先进养殖技术，更重要地是总结了全国各地的营销经验，为养殖业者更好地实现科学养殖和经营致富提供了借鉴。

希望这套丛书的出版能为提高渔民科学文化素质，加快渔业科技成果向现实生产力的转变，改善渔民民生发挥积极作用；为加强渔业资源养护和生态环境保护起到促进作用；为进一步加快转变渔业发展方式，调整优化产业结构，推动渔业转型升级，促进经济社会发展做出应有贡献。

本套丛书可供全国水产养殖业者参考，也可作为国家精准扶贫职业教育培训和基层水产技术推广人员培训的教材。

谨此，对本套丛书的顺利出版表示衷心的祝贺！

农业部副部长 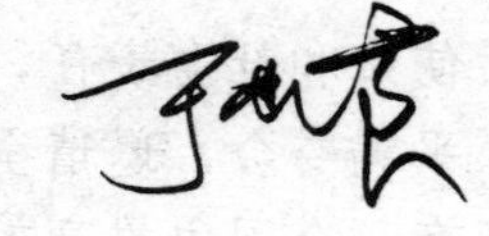

前言

龟在我国代表着吉祥、长寿。长期以来，人们对龟保持着养殖和食用的传统，也形成宠养观赏的习惯。人们养龟、玩龟最初的种苗都是从自然界捕获，普遍养殖和繁殖的兴起始于20世纪90年代，随着市场需求的加大，逐渐发展形成今天的养殖热潮。目前我国龟类养殖的主产区是浙江、江苏、安徽、河南、湖南、湖北、福建、广东、广西和海南10个省份，其中浙江、广东、广西、海南是龟类养殖的重点区域。主要养殖品种有乌龟、中华花龟、巴西龟、小鳄龟、三线闭壳龟、百色闭壳龟、金头闭壳龟、黄缘闭壳龟、黄喉拟水龟、广西拟水龟、黑颈乌龟、安南龟、亚洲巨龟、齿缘摄龟和黄头庙龟等。许多典型实例证明，龟类养殖已发展成为城乡居民发家致富和休闲养生的好途径、好方法。

本书由广西壮族自治区水产技术推广总站张秋明农业技术推广研究员主持编写，较系统地介绍了三线闭壳龟、百色闭壳龟、金头闭壳龟、黄缘闭壳龟、广西拟水龟、黑颈乌龟、安南龟、亚洲巨龟、齿缘摄龟和黄头庙龟等名优龟类品种的繁殖和养殖技术、病害防治技术以及捕捉、运输、销售的方法等内容。本书图文并茂，语言通俗，辅以大量真实养殖案例，技术参数符合国家有关标准，实用性和可操作性强，适合爱龟人士、龟类养殖技术人员和养殖专业户以及龟类经销人员阅读参考，亦可供有关院校和培训机构作为教材参考。

本书编写得到社会各界养龟人士的大力支持，在此表示衷心感谢！因编者水平有限，书中难免存在不当之处，敬请广大读者批评指正和谅解。

编　者

2016 年 3 月

目录

第一章　名优龟类养殖概述和市场前景

第一节　名优龟类养殖生产发展历程

一、名优龟类的概念

龟是动物界中古老而又特化的动物类群。全世界现存的龟都属脊索动物门，脊椎动物亚门，爬行纲，龟鳖目，该目下分 2 亚目（隐颈龟亚目、侧颈龟亚目）、14 科、99 属、293 种。我国的龟类都属曲颈龟亚目，共有 5 科、18 属、31 种。龟在地球上存在已有 2 亿多年的历史，是与恐龙同时代的动物。它们有的生活在陆地，有的生活于水中，有的是水陆两栖，用肺呼吸，是卵生动物；它们有的体色靓丽，有的体色暗淡，具有坚硬的背甲和腹甲。随着人们生活水平日益提高，涌现出越来越多的养龟爱好者，争相繁殖和养殖各种龟类。其中对那些食用价值高、药用价值明显、观赏价值和科研价值重大的龟类，比如三线闭壳龟、金头闭壳龟、黄缘闭壳龟、黑颈乌龟、安南龟、广西拟水龟、亚洲巨龟、齿缘摄龟和黄头庙龟等，我们统称为名优龟类。

二、名优龟类人工增养殖阶段

王育锋（2009）对我国龟类的养殖发展历程做了中肯的描述：20 世纪 70 年代暨南大学、80 年代湖南省水产研究所和广西壮族自治区水产研究所等单位分别对三线闭壳龟、乌龟、黄喉拟水龟等进行了生态养殖等方面的研究；1989 年南京建成我国首家龟鳖博物馆，对部分龟类做了饲养试验；80 年代中期至 90 年代，广西、浙江、江苏、山东、上海等地有少数养殖户开始对国产淡水龟中的若干品种进行小规模庭院养殖；到 90 年代中期前后，随着养鳖效益的逐年下滑，龟类的养殖和研究逐渐受到重视。广东、湖南、湖北、福建、江西、山东等地的发展比较迅速。湖南怀化，江西弋阳，山东日照、诸城，江苏南京、太仓、常熟、无锡，浙江海宁和上海等都建起或扩展为有相当规模的养龟基地和养龟场。

名优龟类的增养殖是在其贸易受追捧、自然资源量的下降及其人工繁殖技术取得突破的背景下发展起来的。20 世纪 80 年代以前，市场销售的所有名优龟类都来自于自然捕捉。由于缺乏规范管理，捕捞者不分规格、大小通捉，全部都拿到市场销售，而当时市场上只需求成龟，其余幼龟往往被当作买卖的陪衬或作为礼物送人，甚至被遗弃。当时人们主要是将这些幼龟当作宠物收养。在那个时候的收购活动中，许多商家都是将龟囤在家中，为了避免龟体重减轻，囤积暂养期间也投喂些鱼、虾、瓜、果等，久而久之，人们发现这些名优龟类在人工环境下也能正常摄食生长。另外，人们在龟的暂养池内还经常捡到龟卵，起初都是把龟卵煮熟吃掉，由于煮熟的龟卵口感不是很好，大家都不爱吃，所以有些商家在收购过程中龟卵积累越来越多，最后不知如何处理就随处丢弃或埋到花盆中，2～3 个月后，人们意外发现花盆中居然有稚龟爬出。

随着龟类贸易的不断推进，其自然资源量逐渐减少。为了增加资源量，一些科研工作者和社会爱龟人士纷纷收购野生幼龟和成龟开展人工养殖和繁殖试验。为了促进名优龟类人工规模化养殖的发展，中国水产科学研究院珠江水产研究所、广西壮族自治区水产研究所以及一些大学的生物专业研究室和部分大型龟类养殖场对名优龟类进行了生活习性、食性和生长特性、性成熟年龄、产卵习性、产卵量、产卵的形态与重量、性别决定的条件、胚胎发育等基础理论和应用科学方面的研究。同时，在人工养殖方面，又进行了名优龟类人工养殖技术、人工孵化技术、名优龟类疾病的防预和治疗、名优龟类和养殖环境因素的关系等方面的探讨和总结。这些研究取得许多突破性的技术成果。随着这些技术成果的推广普及，开启了名优龟类的增养殖的历史，使人们对名优龟类的资源需求，由全部依赖自然资源转变为依靠自然资源和人工增养殖资源并举。

三、名优龟类快速发展阶段

到了20世纪90年代初期，由于酷捕严重，名优龟类的自然资源量急剧下降，有些品种甚至濒临灭绝，比如百色闭壳龟，在自然界中几乎找不到它的踪迹。而随着名优龟类人工繁殖技术的进一步突破，名优龟类的批量养殖生产步入快速发展阶段（1990—2010年）。在这个阶段，人们对名优龟类的价值有了更深刻的认识，特别是对三线闭壳龟、金头闭壳龟、百色闭壳龟等珍稀龟类珍爱有加，经济条件较好的龟爱好者争相拥有此类名龟，都将这些名龟作为珍藏品。由于龟类养殖技术得到进一步突破和推广，加上名龟养殖不需要太大的空间且不与粮食生产争土地，适合在家庭院落、阳台和室内空间建设养殖池开展高密度养殖，不管是谁，只要有空间和资本就可以养殖，而且养殖效益显著。正是由于这些优点和特性，吸引了社会各界的广泛关注，使开展名优龟类的养殖生产成为广大城乡居民和退休人员、下岗职工创业的首选项目，由此也推动了名优龟类养殖生产的快速发展。

四、名优龟类高效生态养殖阶段

2010年后，从养殖环境建设、饲料选择与投喂、病害防治和产品销售与获利情况看，名优龟类的养殖发展可称得上已步入了高效生态养殖阶段。随着人民生活水平的不断提高，开始崇尚自然生态的生活方式，对日常饮食和生活环境都要求生态化，尽量远离各种污染源。在这种心态的影响下，人们纷纷对自己所需的粮食、果蔬的质量安全严格要求。对作为名贵保健品的名优龟类的质量要求更加严格，对温室养殖的龟类不敢问津，而对生态健康养殖的名优龟类日渐热捧，人们特别关注这些名优龟类的养殖环境是否生态，投喂的饲料与病害防治的用药是否安全。正是在这种背景下，名优龟类高效生态养殖模式的研究工作得到社会各界的鼎力支持。广西先后编制并颁布实施三线闭壳龟、广西拟水龟的品种、苗种、繁殖技术和养殖技术的地方标准；在广西南宁连续成功举办5次全国龟鳖评比大赛；广东中山、东莞、顺德等地连年举办各种名龟研讨会和展示、展销活动。与此同时，广西、广东、海南、浙江、湖南等省份以及辖区的市、县纷纷成立龟鳖产业协会，由此进一步带动了名龟养殖队伍的不断壮大。

第二节　名优龟类养殖现状和市场前景

一、我国名优龟类养殖产业现状

名优龟类的养殖主要集中在广东、广西、海南、湖北和浙江等地，据不完全统计，从2010年开始，养殖名龟的人数每年以2万以上的速度增加，至今已有20多万户，年总产量4万余吨，总产值超过200亿元。名优龟类主要有3种养殖模式：一是家庭作坊养殖模式，指利用自家室内、阳台和楼顶等空间区域开展名龟养殖；二是庭院养殖模式，指利用房前屋后的院落角落开展名龟养殖；三是池塘养殖模式，指利用池塘开展名龟生态健康养殖。

名优龟类产业发展已取得的主要经验如下。

1. 拥有资源优势是名优龟类产业兴起的基础

广西是名优龟类的主产区，拥有众多的龟鳖品种资源。广西气候温暖，雨量充沛，日照时间长，霜冻期极短，生物种类繁多，饲料资源丰富，很适合龟鳖的生存和发展养殖生产，特别是近几年来，三线闭壳龟、广西拟水龟、山瑞鳖、黄沙鳖等一些优势特色品种人工繁育技术的突破，解决了苗种问题，加快了产业发展。这些资源优势是推动广西名优龟鳖产业从小到大发展的基础。

2. 推广普及成熟的养殖模式是名优龟类产业发展的途径

名优龟类的养殖模式，特别是家庭作坊养殖模式和庭院养殖模式具有操作简便、占地少、劳动强度小、易管理等特点，深受城乡居民的喜爱，随着这些养殖模式的普及与推广，越来越多的城乡居民加入到了名优龟类养殖产业中来。特别是珠江三角洲地区，由于产业转型升级和经济结构调整的需要，许多加工业者纷纷将部分厂房改造成名优龟类养殖车间，极大地促进了名优龟类的规模化发展。

3. 广泛开展技术培训和专题交流活动是名优龟类产业发展的保障

近几年来，为顺应广大龟鳖养殖者的愿望和龟鳖产业发展的趋势，各地广泛开展了名优龟类养殖技术培训，使广大养殖者掌握了龟鳖苗种繁育、病害防治、营养需求与饲料配制等科学养殖技术。广西连续数年举办全国龟鳖评比大赛活动，特别是广西龟鳖产业协会创立了每月 8 日进行的龟圩活动，吸引了社会各界对名优龟类的关注；广东各地龟鳖产业协会连年举办的龟鳖研讨会，吸引了全国各地养殖商家的目光。通过这些培训和交流，各地的养殖典型迅速得到宣传，有力地促进了名优龟类养殖技术的有效传播，保障了养殖成效，使养殖者对名优龟类的养殖劲头更大、信心更足，加速了名优龟类产业的发展。

4. 潜在市场需求是名优龟类产业发展的动力

自古以来，龟鳖的营养价值、药用价值和丰富的文化内涵就一直得到广大人民的认同，随着人们物质文化生活的不断丰富和消费水平的不断提高，对龟鳖的需求更加强烈和迫切，这种巨大的、潜在的市场需求有力地拉动了名优龟类产业的发展。

二、我国名优龟类养殖存在的主要问题

1. 资源保护开发力度不够

对名优龟类保护开发的力度不够，缺乏整体性的保护开发规划，没有建立起自然保护区，无证养殖、酷捕滥杀等现象时有发生。

2. 产业发展基础薄弱

一是名优龟类良种繁育体系建设滞后；二是名优龟类养殖设施简陋、布局不合理、建造不规范、功能不齐全。

3. 组织化和产业化程度低

缺乏实力较强、带动能力较大的龙头企业，整个产业组织化程度很低；当前整条产业链仅限于养殖生产环节，缺乏名优龟类专用饲料生产企业；名优龟类产品精深加工还没有起步，产业化程度低。

4. 科技研发力度不够

还没有对名优龟类开展系统的技术攻关，缺乏有效解决产业发展难题的技术措施。

5. 品牌打造和市场开拓力度不够

缺乏响亮的品牌；还没有建设名优龟类专业交易市场和产品供求信息平台，销售渠道不畅，信息闭塞。

6. 扶持力度不够

缺乏政策引导，财政投入少，产业发展后劲不足。

三、我国名优龟类养殖市场前景

人们对龟的认识和利用应该是从对龟的药用价值开始的。远在东汉时期，我国第一本药物专著《神农本草经》就对龟的药用价值作了详细记述。明代著名药物学家李时珍在《本草纲目》中写到："介虫三百六十，而龟为之长。龟，介虫之灵长者也""龟能通任脉，故取其甲以补心、补肾、补血，皆以养阴也"。现代医学证明，龟体中含有较多的特殊长寿因子和免疫活动物质，常食可增强人体免疫力，使人长寿。随着人们生活水平的日益提高，对日常生活开始讲究健康、休闲，对保健和长寿的欲望与日俱增。名优龟类生性温善和顺，憨厚顽强，以静制动，富有灵气，是集美食、医疗保健、观赏3项功能于一体的特色动物，深得广大人民的宠爱，人们不惜花费重金购买驯养在家中。由于名优龟类的繁殖量低，许多品种长期处于供不应求的状态，经常出现一龟难求的现象，市场价格也居高不下。随着生物制药高科技的发展，国际、国内对龟的需求量必将大增。总的来看，名优龟类的养殖极具发展前景，大力发展名优龟类的养殖将是优化养殖业结构、发展高效渔业的重要途径之一。

四、确保名优龟类产业可持续发展的对策建议

1. 加强领导，落实责任

名优龟类主产区的各级政府部门要高度重视龟鳖产业发展工

作，要把龟鳖产业发展作为促进城乡居民增收的重要项目来抓；各级渔业行政管理部门要明确职责，落实责任，强化措施，加强向上级政府汇报和部门之间的沟通与协调，确保龟鳖产业发展各项工作顺利实施。

2. 落实产业扶持政策，夯实产业发展基础

实行由养殖到产品初、深加工全程的流转税减免和对初、深加工“免三减五”所得税优惠政策等。

按照国土资源部、农业部《关于完善设施农用地管理有关问题的通知》（国土资发［2010］155号）的规定，将龟鳖养殖业用地纳入设施农用地范围进行扶持和管理。逐步实行农业用地与工业用地同等的信贷抵押政策。

比照中、小企业给予规模养殖企业同等信贷优惠政策，适当放宽西部农村担保抵押条件，增加贷款额度和贷款期限。

3. 加大财政投入，加快产业发展

积极争取设立各级财政专项，把名优龟类养殖场的标准化改造列入农田水利基本建设范畴并给予扶持；加大对国家级或省级名优龟类原、良种场和苗种繁育场建设扶持的力度。

4. 加大金融支持力度，增强产业发展活力

引导社会资本参与龟鳖产业开发，积极争取金融部门的贷款支持，鼓励龙头企业、农户及金融机构建立三方融资平台，鼓励龙头企业为农户融资提供担保。

5. 加强龟鳖品种资源和环境保护

加大对非法捕捉、运输、宰杀野生龟鳖保护品种违法行为的打击力度；建立野生龟鳖资源修复补偿制度，对涉及野生龟鳖资源保护的项目依法收缴资源修复补偿费，并及时采取生态恢复补救措施；加强龟鳖人工放流工作；加快珍稀龟鳖资源救护区建设。

6. 组织科技攻关，提高产业发展支撑力

组织力量对名优龟类产业发展的关键技术和重要环节进行科技攻关，依靠科技加快产业发展。

7. 扩大对外开放合作

加强与农业、环保、文化和旅游等相关产业的合作，大力发展立体循环、节能环保、文化休闲和旅游观光等产业经济；大力开展各种招商引资活动，吸引更多企业建龟鳖养殖基地、办加工业；广泛吸引商业信贷、社会资金等投资名优龟类产业；开展多种形式的产品展示、展销活动，拓展国内、外市场；利用中国—东盟博览会、中国—东盟自由贸易区平台，与东盟国家开展名优龟类产业开发的合作。

8. 加大宣传力度，打造名优龟类品牌

利用各种媒体大力宣传名优龟类产业的特色、特点、产品的功效和价值，不断提高名优龟类产业的知名度；加强信息引导，确保名优龟类产业持续健康发展；组织龙头企业开展商标注册、申请农产品地理标志登记保护等工作，着力打造名优龟类知名品牌。

9. 加强协会建设，促进信息交流

完善各级龟鳖行业协会和专业合作组织的建设，通过章程和自律，进一步规范企业的行为，避免企业之间的不正当竞争；加强苗种供应、养殖技术、产品质量、市场价格方面信息的交流，促进名优龟类产业可持续健康发展。

第二章　名优龟类生物学特性

第一节　形态与分布

一、名优龟类的形态结构

1. 名优龟类的外部形态

名优龟类与其他龟一样，外部形态可分为头、颈、躯干、四肢、尾5部分（图2-1）。头部窄小，略呈三角形，头顶前部平滑，头后部皮肤呈细颗粒状。上颌稍长于下颌，上、下颌均无齿。颌缘有角质硬鞘，称为喙，边缘锋利，用来咬碎食物。龟的口比较大，口裂一直向两边向后延伸达眼后。有发达的肌肉质的舌，但不能伸展，仅具吞咽功能。龟的鼻孔位于头的前端。眼相对来说比较小，位于头两侧上半部。颈部粗长，颈部皮肤能伸缩，当颈缩入壳内时，其颈椎呈U形弯曲。躯干是龟全身的主要部位，躯干部宽短而略扁，背面呈椭圆形的外层是角质盾片，内层是骨板，由若干块

图2-1　三线闭壳龟的外部形态

组成。龟四肢粗短而扁平，均具爪，能缩入壳内。龟的尾巴短而细小。

2. 名优龟类的内部结构

龟类的内部结构可分为骨骼系统、肌肉系统、消化系统、呼吸系统、循环系统、泌尿系统、生殖系统、神经系统等。

（1）**骨骼系统** 骨骼系统较为发达，分化明显，由头骨、脊椎及附肢骨构成，其骨化程度高。头骨分为脑颅和咽颅2部分；龟的脊椎融合到龟壳背甲上，由颈椎、躯椎、荐椎和尾椎4部分组成；附肢骨骼包括肩带、腰带、前肢骨和后肢骨。

（2）**肌肉系统** 龟的肌肉主要分布在四肢和颈部，颈部肌肉发达，结构复杂，四肢基部的肌肉丰满强健，龟的肌肉多数与背甲、底板相连。

（3）**消化系统** 由消化道和消化腺组成。消化道分为口、咽、食管、胃、肠、泄殖腔等几个部分；消化腺有肝脏和胰脏，肝脏分左右2叶，褐色或暗红色。肝左叶的背面与胃之间有短的胃肝韧带相连系；肝右叶背面接近外侧缘有一大的浓绿色胆囊，它以短而粗的胆管连接十二指肠，十二指肠由韧带连到肝右叶背面的中部，韧带内存有长形乳黄色的胰脏。

（4）**呼吸系统** 包括鼻、喉、气管、支气管、肺等器官。气体交换主要在肺内进行，肺为海绵样构造，内壁借小隔膜将肺分为若干室。左、右肺叶分别通过左、右支气管和气管相通，气管由多数软骨环支撑，喉由环状软骨和1对杓状软骨组成。

（5）**循环系统** 心脏包含静脉窦、左心房、右心房和心室。心室内有不完全的室间隔，将其分为左、右相通的两部分。体静脉粗大的基部与静脉窦相连。由躯体和内脏回归的静脉血，经薄壁的静脉窦、右心房注入右心室，再经右侧的肺动脉弓流入肺内；来自肺静脉回心的动脉血，分别供应头部和前肢，然后沿背大动脉后行；心室中部的混合血进入左体动脉弓后行流入背大动脉。

（6）**泌尿生殖系统** 泌尿系统的1对后肾，呈扁平状，表面有许多沟纹，可分为数叶，前端较宽，后端较狭，紧贴于腹腔背壁，并各有1条后肾管（输尿管）由肾中央内侧伸至泄殖腔的尿道背壁。膀胱为囊状结构，末端有柄，开口于泄殖腔的尿道腹壁。雄性生殖器官包括1对睾丸、1对附睾、1对输精管和1个交配器。雌性生殖器官包括1对卵巢和1对输卵管。

（7）神经系统　龟的神经系统比其他两栖类发达。大脑半球明显，间脑小，顶部的松果体发达；中脑的视叶发达，为龟的高级神经中枢；小脑较发达；延脑与脊髓相连；具有12对脑神经。

（8）感觉系统　龟的嗅觉发达，嗅膜布满鼻腔背侧、内侧鼻甲骨的表面。龟的眼睛很小，其基本结构与其他脊椎动物无本质的区别，发展到依靠改变晶状体的凸度以调节视距，其视力很强。龟的耳由两部分构成，即中耳和内耳，没有外耳。但龟具鼓膜，膜内是中耳腔。声波经鼓膜的振动，通过耳腔内的耳咽管传导到内耳而产生听觉。

3. 名优龟类的主要器官与生理功能

（1）皮肤器官　龟皮肤表皮均有细粒状或小块状鳞片，有保护真皮、减少与外界的摩擦和减少体内水分蒸发的作用。

（2）呼吸器官　龟多用肺呼吸。龟以颈和四肢的伸缩运动来直接影响其腹腔的大小，从而影响肺的扩大与缩小。龟呼吸时，先呼出气，后吸入气，这种特殊的呼吸方式称为“咽气式”呼吸，又称为“龟吸”。

（3）嗅觉器官　龟有2个鼻孔，但只有1个鼻腔，鼻孔内骨块上均覆有上皮黏膜，有嗅觉功能。其中，梨鼻器是它们主要的嗅觉器官。龟在寻找食物或爬行时，总是将头颈伸得很长，以探索气味，再决定前进的方向。

（4）视觉器官　龟的眼睛构造很典型，其角膜凸圆，晶状体更圆，且睫状肌发达，可以通过调节晶状体的弧度来调整视距。龟对运动的物体反应较灵敏，而对静物却反应迟钝。据英国动物学家试验，大多数龟能够像人类一样分辨颜色，尤其是对红色和白色的反应较为灵敏。

（5）听觉器官　龟的听觉器官只有内耳和中耳，没有外耳，最外面是鼓膜。龟对空气传播的声音反应迟钝，而对地面传导的震动较敏感。

二、名优龟类的自然分布

1. 世界龟类的地理分布

据资料记载，龟分布于世界大部分地区，至少在2亿多年前即以同样形式存在了。现存293种，加上2012年国内大型养殖场杂交的新品种大约有330种。多为水栖或水陆两栖，多数分布在热带或接近热带的地区，也有许多见于温带地区。有些龟是陆栖，少数栖于海洋，其余生活于淡水中。全世界的现存种被分为2个亚目：侧颈龟亚目（Pleurodira），颈部弯向一侧将头缩入壳中；隐颈龟亚目（Cryptodira），头和颈一同缩入壳中。

侧颈龟类现仅分布于南美洲、非洲、马达加斯加岛、澳大利亚、新几内亚岛和邻近岛屿，包括现存龟种的20%左右。其中现存2科为：蛇颈龟科（Chelidae），因其头长和颈长而得名；侧颈龟科（Pelomedusidae），该亚目的名称即来源于此科。

隐颈龟类见于除澳大利亚外的所有大陆，包括现存龟种的约4/5。隐颈龟亚目的最大科是水龟科（Emydidae），包括现存种的约1/3，地理分布范围与该亚目的范围相当。多分布于美国东部，多为水栖或水陆两栖。其次是陆龟科（Testudinidae），其种类约为水龟科的1/2。寓言中迟钝、缓慢的龟即属于分布广泛的陆龟种群，其中的大型种仅见于加拉帕戈斯群岛和其他海岛。隐颈龟类的其他科有：泥龟科（Kinosternidae）、海龟科（Cheloniidae），见于全世界温暖海水中；鳄龟科（Chelydridae），体型大，并具有攻击性，常见于北美洲。

龟可为人类提供龟肉、龟卵和龟甲等，有些品种则被当做宠物。在英国，通常称非海龟类为陆龟（tortoise）；在美国，一些可食用的龟称为水龟（terrapin）。

2. 我国龟类分布

我国现存有31种龟，除青海、宁夏、西藏、内蒙古、山西和吉林 6 个省份外，其余各地均有分布，但以华南分布种类最多，西北各省份分布的种类较少。总的来看，以乌龟和黄喉拟水龟分布最广，而金头闭壳龟、百色闭壳龟、云南闭壳龟、琼崖闭壳龟、缺颌花龟、菲氏花龟、拟眼斑龟、缅甸陆龟、四爪陆龟 9 种各自仅分布于某些地区。近些年来，随着国内、国外交流的不断增强及人工放生或养殖贩运过程中难免的龟逃离现象，我国亦常有关于发现部分东南亚龟类的传闻，但这并不能证明这些龟即产于该地。我国龟类种类最多的是广西，有 24 种；其次是广东、海南，皆有 17 种；再次是福建，有 13 种。

3. 名优龟类分布

三线闭壳龟、百色闭壳龟、金头闭壳龟、黄缘闭壳龟、广西拟水龟、安南龟、亚洲巨龟、黑颈乌龟和齿缘摄龟等名优龟类主要分布在广西、广东、海南、安徽等省份，其分布以广西、广东、海南为最多。亚洲巨龟为引进种，目前主要分布在广东、广西和海南。

第二节　生态习性

一、名优龟类的生活习性

1. 生活类型

龟的分布很广，现存的各种龟类除了南极之外，在江河、湖泊、水库、沼泽、池塘、海洋、陆地均有分布。按照它们分布的生活环境不同，一般分为 4 个类型，即陆栖、水栖、水陆两栖及海栖。本书所列的名优龟类主要是水栖龟类和水陆两栖龟类。水栖龟类四肢较扁平，趾间具有近似于鸭、鹅一样的蹼，以便于划水游动，并喜欢生活在沼泽、池塘、湖库、江河等水域。水陆两栖龟类又称半水栖类，其四肢稍显扁平，趾间仅有少量的蹼，这类龟喜欢生活在近岸浅水水域，栖息地水深一般不超过龟背甲的高度。

2. 休眠习性

某些动物为了适应环境的变化，生命活动几乎到了停止的状态，待外界条件变得适宜时，再复苏、正常活动，这种现象叫休眠。根据休眠时间所处季节和时间长短等特点，休眠又可以分为冬眠、夏眠、日眠。一般来讲，低温是冬眠的成因，高温或干燥是夏眠的诱因，食物短缺则可造成日眠。名优龟类和其他龟一样属于变温动物。龟的体温随外界环境温度的变化而变化，因而龟活动的强弱、摄食强度的高低也直接取决于生活温度的适宜与否。在自然条件下，当温度下降到15℃以下时，多数种类的龟闭眼不动、不食，进入冬眠；当温度上升到33℃以上时，多数种类的龟闭眼不动、不食，进入夏眠。

二、摄食习性

1. 食性

自然环境条件下，各种不同的龟有着不太一致的食性，一般可分为动物性、植物性和杂食性3种类型。本书涉及的名优龟类多数食性是动物性的或以动物为主的杂食性。如三线闭壳龟、百色闭壳龟、金头闭壳龟、黄缘闭壳龟、广西拟水龟、安南龟、黑颈乌龟等龟类喜欢面包虫、水蚯蚓、瘦猪肉、鱼肉、虾肉和葡萄、香蕉等；而亚洲巨龟、齿缘摄龟以摄食黄瓜、香蕉、红薯、白菜、胡萝卜及各种嫩草为主，也摄食部分动物性饲料。

2. 食量

龟的食量因龟种类、大小不同和食物种类、温度不同而各异，一般日摄食量为龟体重的5%～8%。

三、生长特性

由于自然环境中适宜生长的温度维持较短、食料无保证、敌害干扰等诸多因素影响，自然界中的龟大都生长缓慢，如三线闭壳龟4～5冬龄的体重为700～1 000克，6～7冬龄的体重为1 200～1 500克。但在人工养殖环境中通过人为创造适宜的条件，可保证和促进龟的较快生长，特别是通过加温、人工控温及投喂绿色全价配合饲料，搞好病害防治，科学地调整、改善水质等技术，即可促使龟快速生长。

四、繁殖习性

1. 雌雄性别的鉴定

雌龟与雄龟在发育接近性成熟时，从外形上即表现出某些差别，如背甲的隆起程度、腹甲的平凹等，但通常是按龟尾上的泄殖孔与腹甲后边缘的距离来分辨雌雄的，距离近的为雌龟，反之为雄龟（图 2-2）。实际生产中常用下述方法来检验雌雄：将龟的四肢朝天放在手上，用另一只手的拇指和食指分别插入龟的前肢窝内，用力向后挤压两肢，如果是雄龟，则有阴茎从泄殖孔中伸出，否则为雌龟。

图 2-2 广西拟水龟雌龟和雄龟腹部对比
（左为雄龟，右为雌龟）

2. 生殖细胞的发育

龟生殖细胞的发育规律与一般脊椎动物一致，但与鱼类有着明显区别，在第一个性周期中，卵细胞发育的各个时期均有卵原细胞存在，已达性成熟的卵巢中，不同等级的成熟卵细胞与不同发育阶段的初级卵细胞同时存在，因此，龟类分批产卵，即一年可多次产卵；精原细胞能全部自动完成变态的精子，且精子在雌龟体内可存活几十天甚至数月。

3. 性成熟年龄与繁殖季节

自然环境条件中的龟其性成熟年龄较大，一般在 7～9 冬龄才达到性成熟。三线闭壳龟雌龟为 8～9 冬龄，雄龟为 7～8 冬龄；其他龟一般为 6～7 冬龄。龟的繁殖季节多在春末、夏初至秋季，即每年的 5—10 月。

4. 交配及产卵

龟属于体内交配受精，卵生。在繁殖季节，性腺发育成熟的雄龟经常主动追逐雌龟，追上后雄龟常以其口反复咬雌龟的前肢或背甲侧缘或爬到雌龟背上以腹甲撞击雌龟，若雌龟逃离，雄龟便急速追到雌龟前方伸长头颈，抖动龟体以挡住雌龟去路，当雌龟被追直到不逃不动时，雄龟便爬上雌龟背甲，将从尾下泄殖孔中伸出的交接器插入雌龟的泄殖孔。交配时间一般为几分钟到十几分钟；龟交配多在水中进行，也有的在陆地进行；龟是当年交配翌年产卵，产卵季节在 5—10 月，以 6—8 月为旺产盛期；每只雌龟每年可产卵 1～3 次，每次能产卵 1～8 枚。淡水龟的卵呈椭圆形、腰鼓形，具有白色钙质硬壳，每枚卵重 8～40 克。产卵前雌龟常在湿润而适度松软的近水陆地上，先以后肢扒窝，卵窝呈锅底状，上口大、底部小，挖好后把尾部伸到卵窝中将卵产于窝内，产完卵后用后肢将原扒出的土沙填回，并用腹甲压平、压实后，雌龟即离去。

5. 孵化

自然环境中龟卵的孵化热源主要来自阳光，并靠土、沙和降水来保持一定湿度。孵化期一般为 70～90 天，但孵化期的长短取决于气温，若天气暖热，孵化期短，只需 60 天左右；若气温偏低，则需 80 余天，甚至 100 余天才孵化出稚龟来。在人工控温的环境中，名优龟类孵化期一般为 60～80 天。

第三章　名优龟类高效生态养殖技术

第一节　三线闭壳龟

三线闭壳龟（*Cuora trifasciata* Bell），俗称金钱龟，隶属于脊索动物门，脊椎动物亚门，爬行纲，龟鳖目，龟科，闭壳龟属。该龟主要分布于我国广西、广东、海南、福建、香港、澳门等地，国外分布于越南、老挝、泰国等。

一、三线闭壳龟生物学特性

1. 形态特征

三线闭壳龟头部较小，头顶光滑无鳞并且呈蜡黄色。头两侧呈黑色，眼后有红褐色的椭圆形的斑。背部有3条黑色纵纹，呈“川”字形，背甲和腹甲可完全闭合。颈盾窄小，5枚椎盾形状各异，第一枚盾呈三角形，中间3枚为六角形，第五枚呈扇形。背甲棕红色，腹甲黑色，其边缘为黄色，表皮橘红色，故民间又称之“红边龟”。各地方品系三线闭壳龟的外观形态如彩图1～彩图9和图3-1、图3-2所示。

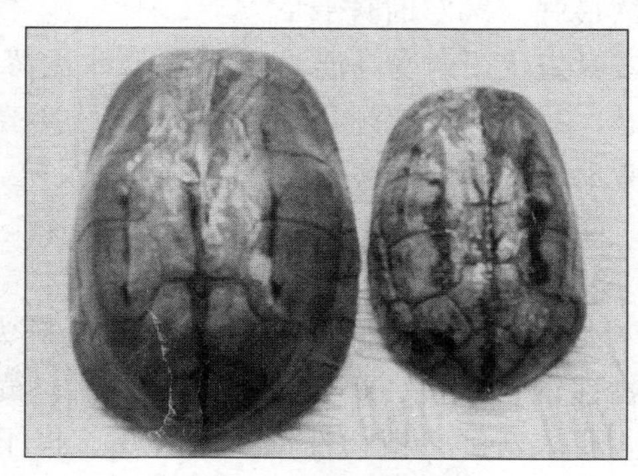

图3-1　三线闭壳龟背面观

2. 生活习性

野生的三线闭壳龟生活在山涧、河溪之中。白天喜欢在阴暗隐蔽的地方栖息

图 3-2　三线闭壳龟腹面观

(图 3-3)。有时在水中浸浴或晒太阳，傍晚后活动频繁，尤其是在雨后。有攀爬习性，喜群居(图 3-3)。性温顺、胆怯，喜僻静、清洁，怕噪音、污垢。生长适宜水温为 25～30℃，摄食水温为 20～33℃，但在 28～30℃的水温条件下食欲最强。36℃时停食，38℃时蛰伏，耐受高温为 40℃。当水温降至 16℃以下时处于冬眠状态，2℃以下时有僵死的危险。三线闭壳龟对环境的干扰易产生应激反应，遇到敌害不会主动出击和反抗，仅仅是逃避、躲藏或头部、四肢缩入龟壳中。

图 3-3　聚成群的三线闭壳龟

3. 食性

在人工饲养条件下，以动物性饲料为主，植物性饲料为辅。动物性饲料以鱼、虾、贝、螺、蚯蚓、黄粉虫、红虫、蝇蛆等为主，要求新鲜。植物性饲料以香蕉、提子、葡萄、草莓、番茄为主，要求新鲜。春季水温升至 18℃时，少部分龟开始觅食，

20℃以上时基本正常摄食，但食量很小，25℃以上时摄食开始旺盛。三线闭壳龟的耐饥饿能力很强，只要有水，几个月不吃食也不致饿死。

4. 冬眠习性

人工养殖的三线闭壳龟、气温降至20℃以下时，即停止活动。根据实践观察，从10月中、下旬开始，龟活动减弱，食量减少，至11月中旬基本停食。当气温降至16℃以下时开始进入冬眠，冬眠程度是随着气温的不断下降而逐渐深沉。

5. 繁殖习性

（1）三线闭壳龟的雌雄辨别　三线闭壳龟的稚龟和幼龟雌雄难辨，而成龟可根据以下方法加以识别。

雄龟个体体形长、薄，腹甲稍凹，后部凹叉深而窄，尾长而粗，自然伸直时，泄殖孔超出背壳外缘一段距离，距腹甲远。雌龟个体背甲呈拱圆形，体形厚，腹甲平直，后部凹叉浅而宽，尾短而细，自然伸直时泄殖孔位于背壳内缘，距腹甲近。雌、雄三线闭壳龟腹部外观形态如图3-4所示。

图3-4　雌、雄三线闭壳龟腹部外观形态
（左为雄龟，右为雌龟）

（2）性腺发育　三线闭壳龟的性成熟最小型：一般雌性最小

1 250克、雄性最小 500 克即达到性成熟。但不同地区的环境条件不同，或采取不同的饲养方法（自然养殖与加温养殖），其性成熟的最小型在体重方面会有差异。三线闭壳龟的性成熟年龄：雌龟成熟年龄为 8 冬龄，雄龟约为 6 冬龄。雌龟卵巢约为体重的 8%，与体重成正比。受精方式为自然交配，体内受精。5—8 月为产卵季节，产卵方式为分批产卵，如彩图 10～彩图 12 所示。

二、三线闭壳龟苗种繁殖技术

1. 孵化工具

一般为塑料箱或木箱，规格为 50 厘米×40 厘米×15 厘米，箱壁四周下缘各钻 10～20 个直径为 0.3～0.5 厘米的透气孔。介质为粒径 0.5～0.8 毫米的细沙。使用前用开水浸烫后经阳光曝晒 2～3 天消毒，装箱孵化时用洁净的水调整湿度。

2. 人工孵化

（1）龟卵收集 观察亲龟产卵行为，标记卵窝位置，产后即可收卵；收卵时，轻轻拔开沙土，平移取出龟卵，放在垫有湿润海绵或细沙的托盆中，盖上海绵或细沙，运回孵化房。

（2）受精卵鉴别 产出 24 小时后卵中部出现清晰的白点，7 天内白点环绕中部逐渐扩大，最后形成一圈乳白色环带的是受精卵。

（3）受精卵放置 孵化箱内先铺上厚为 5～10 厘米的孵化介质，把受精卵间隔 1～2 厘米平放其上，再铺盖厚为 3～5 厘米的孵化介质，贴好标签，注明日期、数量，移放至孵化房中。孵化中的三线闭壳龟受精卵放置方式可参考彩图 13 和图 3-5。

（4）孵化过程控制 要求湿度保持在 80%，温度保持在 25～30℃，经 75～85 天便可孵出稚龟（彩图 14）。

3. 稚龟的早期饲养

刚出壳的稚龟的营养由自带的卵黄囊供给，在 2～3 天之内，不需给稚龟投喂饲料，但要用 0.5%的生理盐水浸洗稚龟片刻，进行消毒，然后放入室内铺设的饲养箱中。出壳 3 天后开始喂食，以

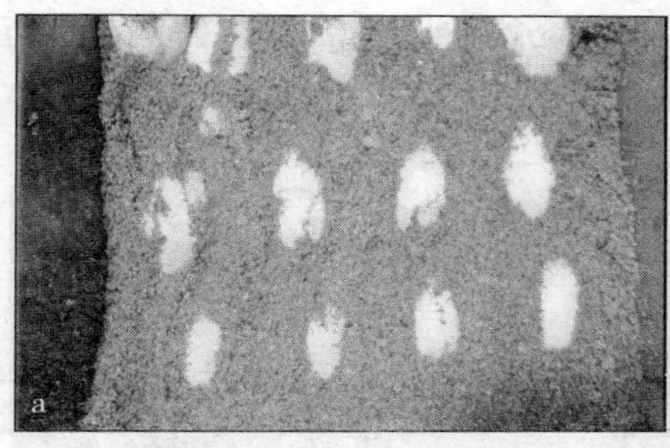

图 3-5 孵化中的三线闭壳龟受精卵的放置方式
a. 孵化中的受精卵有序排列放置 b. 孵化房中孵化箱的放置方式

红虫、蝇蛆、肉糜及少许香蕉等混合投喂，投喂 1 小时后换水并清理残饵。如此饲育 1 周左右，将身体健壮的稚龟移入室外饲养池饲养，而对身体较弱的稚龟仍要继续单独护理，加强饲养。

三、三线闭壳龟养殖技术

1. 龟池的建设

根据三线闭壳龟的生活特性，将幼龟、成龟和亲龟分池饲养，便于投喂养殖管理。各类养殖池的建设如下。

(1) 幼龟池 一般幼龟以水泥池饲养，此法适用于一般专业户和小规模的养殖场。依照三线闭壳龟的生活特性，饲养池应建在向阳避风的地方，池子的大小可根据需要而定，并在距池子 2 米左右处建围墙以防龟逃跑；水池中央还可用石头堆建一个假山供龟活动之用；假山以及水池外围的空地伸向水池的地方都应有一定的坡度，以利于龟爬上假山或爬至水池外围的空地上停栖、摄食和产卵；水池底部应设置一个出水口供换水之用；池堤上和水池外围的空地上皆应铺上厚约 30 厘米的沙土，并栽种龟背竹、白蝴蝶、百香果等植物遮阳，以利于夏季降温防暑。

由于三线闭壳龟价格昂贵，有些养殖户为了安全和便于管理，在室内建池养育幼龟。室内幼龟池可用不锈钢板、铝板、塑料板、玻璃纤维板或水泥板建造，一般为长方形，长度的 2/3 要有一定的坡度。可以分层搭建。室内池子可安装保温、加温和灯光设施。一般1个1.5米×0.6米×0.4米的室内水泥池可放养20只左右的幼龟。幼龟养殖池建设的基本结构可参考彩图15、彩图16和图3-6。

图3-6　三线闭壳龟幼龟养殖池
a. 室外培育池　b. 室内不锈钢培育池

(2) 成龟池　成龟池为水泥池结构。选择泥沙松软、背风向阳、水源充足、不易被污染、僻静而且有遮阳的地方建池，池的大小和形状可依场地情况和龟的数量来确定。在离池1～2米远的四周必须用砖砌一道50厘米高的围墙，墙基深70～80厘米，墙壁须光滑，在池子的进、出水口处设置铁栏栅，以防龟逃跑。在池子的中央用石头堆建一个2～3米^{2}的假山，供龟活动之用。围墙和饲养池之间的空地以及假山伸向池子的地方须有一定的坡度（1∶2以上），便于龟上岸和上岛活动。饲养池储水的深度一般为0.3～0.4米。围墙与池子之间的空地铺水泥板或沙土。在池子四周的空地上和假山上适当栽种百香果、葡萄、龟背竹和花、草及小灌木等供龟遮阳、栖息。池顶安装一些电灯，便于工作人员夜间观察龟的活动情况。为便于安全，也可以在室内建池饲养成龟。室内成龟池与室内幼龟池的建造大致相同，但面积要相应大得多（图3-7）。

(3) 种龟池　种龟池的建造基本上同成龟池。平时繁殖池也可作为成龟池使用，到繁殖期才将成龟移走，这样可提高池的使用效率。繁殖池应尽量保持安静。亲龟的放养密度要比成龟要小，一般为4～6只/米^2。产卵期间，池周围的沙土要保持湿润而不积水；

图 3-7 三线闭壳龟成龟养殖池

如逢干旱，要适当淋水以保持沙土湿润。种龟池的基本结构可参考彩图 17～彩图 20 和图 3-7。

2. 苗种培育

从龟苗出壳后 15 克左右培育到 250 克左右，属于苗种培育阶段。

(1) 放养前准备 提前 30 天放水 30 厘米泡池，每 6 天换水 1 次。放苗的前一天，加入新水 10 厘米，按 3 克/米^{3}的浓度放入季铵盐碘全池消毒。

(2) 苗种选择与运输 ①龟苗的选择。体重20克以上，体形、体色正常，无伤残，活动灵敏。②运输注意事项。凭证合法运输，运输温度在30℃左右，采用湿法运输。

(3) 苗种放养 到达目的地后在阴凉处放置30分钟后，按每千克水加季铵盐碘1克消毒龟苗15分钟后再放入龟池。放养密度为15～20只/米^2。

(4) 饲料种类 以鱼、虾、贝、螺、蚯蚓、黄粉虫、红虫、蝇蛆、切碎的动物内脏等动物性饲料为主，以葡萄、提子、香蕉和青菜等植物性饲料为辅。定期在饲料中适当添加多种维生素、微量元素和钙，以保证饲料的营养成分全面，避免三线闭壳龟生长发育不良，或产生厌食症。

(5) 投喂量 日投饲量一般为龟体重的5%～8%。每年5—11月是三线闭壳龟摄食最旺盛的时期，也是其增重最快的时期，其中尤以7—9月增重最快，所以在这3个月应该供以充足的营养物质，让其多吃快长。在不同的季节和三线闭壳龟的不同生长阶段都应酌情增减。在临近冬眠期时应增加投喂量。

(6) 投喂方法 定时、定点投喂，可以使三线闭壳龟养成良好的进食习惯，有规律地分泌消化液，促进饲料的消化吸收，有利于三线闭壳龟的生长发育。春、秋季节应在中午前后投喂饲料，夏季应在17：00—19：00投喂饲料。小型动物性饲料直接投喂，大的动物性饲料切成小块或搅成肉糜后投喂；植物性饲料瓜果类切成小块或搅碎拌肉糜后投喂，青菜直接投喂；投喂以动物性饲料为主，饲料投放于水边活动区上，日投饲量占龟总体重的5%～8%，以投喂后2小时内吃完为宜，每天投喂1次；10月至冬眠前，宜2～3天投喂1次。投喂的饲料一定要新鲜，不能用腐败霉臭的饲料，以免污染饲养池的水质。

(7) 换水管理 适时更换新水，保持水质清新。每天投喂2小时后换水，换入水的温差不能超过3℃，同时清除池内污物、残饵。一般换每次换2/3的池水，若池水发出腥臭味则要全池换水。一般夏季饲养池的水应每天更换1次；春、秋季节可2～3天换

1 次。

(8) 冬眠期管理　三线闭壳龟是变温动物，环境温度对其生命活动的影响极为明显。每年 11 月后，当气温下降至 15℃以下时，三线闭壳龟便潜伏池底泥沙处，不食不动，处于冬眠状态。这时龟的新陈代谢既慢又弱，过冬前所储备的营养足以维持这种微弱的生命活动，所以在龟的冬眠期，一般不需投喂饲料，也不需换水。但当气温降到 10℃以下时，则要采取人工保温措施，以免龟被冻死，同时也要注意防止龟的天敌危害。

3. 成龟养殖

从 250 克左右培育到1 500克左右，属于成龟养殖阶段。

(1) 放养前准备　提前 30 天放入 30 厘米水浸泡，每 6 天换水 1 次。放养的前一天清洗干净后加入自来水，水位为 15 厘米。

(2) 苗种放养　放入 250 克以上的种龟，不超过 5 只/米^2。

其他管理方法与苗种培育相同。提倡采取生态养殖模式，生态养殖池的建设可参考彩图 21、彩图 22。

4. 亲龟养殖

与成龟养殖方法相同。所不同的是，在投喂管理上，在三线闭壳龟的交配期之前及交配期，应喂以富含蛋白质且易于消化的饲料以及维生素 A、维生素 E、维生素 K 等，让亲龟产生高质量的生殖细胞，从而提高受精率和繁殖率。

5. 病害防治

(1) 预防　保持水温相对稳定和水质良好；饲料中适当添加维生素和矿物质；养殖池每 30 天左右用高锰酸钾溶液按 20 毫克/升进行消毒，工具器具每 7 天左右用高锰酸钾溶液按 20 毫克/升消毒；小心操作，防止龟体受伤；发现伤龟、病龟要及时隔离治疗。

(2) 治疗　药物的使用按照《无公害食品　渔用药物使用准则》(NY 5071) 的规定执行，并做好用药记录，记录要保存 2 年以上。

常见龟类病害及治疗方法见表 3-1 所示。

表 3-1 常见龟类病害及治疗方法

疾病名称	症　状	治疗方法	休药期
肠胃炎	行动迟缓，食欲减退，粪便稀烂不成形，有黏液或脓血	隔离治疗，每千克龟用土霉素50～100毫克拌饲料投喂，每天1次，连续3～5天	7天
肺炎	龟瞌睡，行动迟缓，食欲减退，眼睛角膜浑浊，嘴鼻角有黏液，张口喘气	隔离治疗，提高养殖温度至28℃（日升温≤5℃），用庆大霉素按1∶20兑水浸泡10～20分钟，每天2次，连用3～5天	40天
水霉病	颈部、四肢着生白色絮状物，烦躁不安，食欲减退，消瘦	隔离治疗，用3.0%的食盐和1.5%的碳酸氢钠混合溶液浸浴10～20分钟，每天2次，连用3～5天；或提高养殖温度至30℃（日升温≤5℃）	
白眼病	眼部发炎充血，眼睛肿大，眼角膜和鼻黏膜糜烂，眼球外表被白色分泌物盖住	隔离治疗，用哌拉西林1 000万～2 000万国际单位/米^{3}浸泡，连用3～5天	7天
腐皮病	颈部、四肢和尾部皮肤坏死、糜烂、溃疡	隔离治疗，用季铵盐碘按0.2毫克/升浸泡，连用3～5天；或链霉素按10毫克/升浸泡2天，隔天再用，连用3～5次	18天（链霉素）

第二节　百色闭壳龟

百色闭壳龟（*Cuora mccordi*）又称麦氏闭壳龟，是隶属于脊索动物门，脊椎动物亚门，爬行纲，龟鳖目，龟科，闭壳龟属的爬行动物，为我国特有的一种珍稀龟类，目前仅知分布于广西百色地区。

一、百色闭壳龟生物学特性

1. 形态特征

成体背甲长130毫米左右，隆起，中线有一低脊棱，背甲红褐色，盾沟附近暗褐色或黑色，甲侧缘黄色；腹甲边缘黄色，有一块几乎覆盖大部分腹甲的黑斑。腹甲较大，前端圆出而后端微缺，以韧带与背甲相连，胸盾、腹盾间亦有韧带，腹甲前后两半可完全闭合于背甲，腹盾沟最长，肱盾沟最短，肛盾沟完整。头大小适中，略窄，吻略凸出于上喙，上喙平直。头顶绿色，头侧黄色，眼后具一镶黑边的橙色纵纹，眼与鼻孔间有一镶黑边的线纹；四肢适中，前肢被大鳞，后肢被小鳞，指趾间具蹼。虹膜黄色或黄绿色；颈背及颈侧橘黄色，颈腹乳黄色。尾橘黄色，尾背中线具黑纹。百色闭壳龟的外观形态如彩图 23～彩图 26 和图 3-8、图 3-9 所示。

图 3-8　百色闭壳龟背部

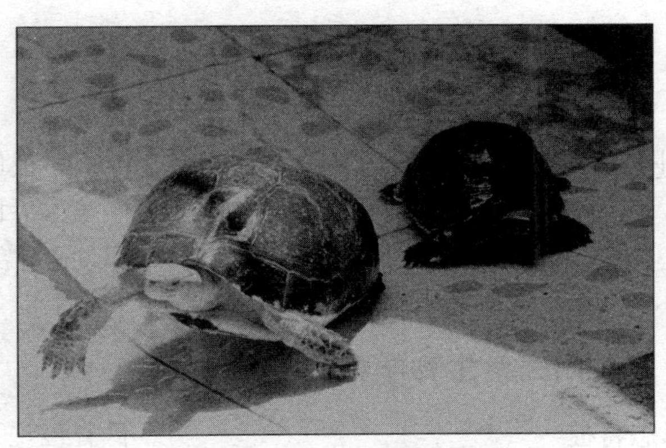

图 3-9　百色闭壳龟前肢

2. 生活习性

百色闭壳龟喜栖息于山区溪流及水质清澈的山区池圹。喜欢高温多湿的沼泽地区。

3. 食性

人工饲养喜食动物性饲料，如瘦猪肉、鱼、虾、螺肉等。

4. 冬眠习性

人工养殖的百色闭壳龟，在气温降至20℃以下时即停止活动。根据实践观察，从10月中、下旬开始，龟活动减弱，食量减少，11月中旬基本停食。当气温降至16℃以下时开始进入冬眠，冬眠程度是随着气温的不断下降而逐渐深沉，亦即12月至翌年3月为冬眠期。

5. 繁殖习性

百色闭壳龟的雌雄辨别和性腺发育与三线闭壳龟基本相同，可参照三线闭壳龟。

二、百色闭壳龟苗种繁殖技术

参照三线闭壳龟。种龟养殖池如彩图27、彩图28所示。

三、百色闭壳龟成龟和亲龟养殖技术

参照三线闭壳龟。

第三节　金头闭壳龟

金头闭壳龟（*Cuora aurocapitata*），别名金龟、夹板龟、黄板龟，隶属于脊索动物门，脊椎动物亚门，爬行纲，龟鳖目，龟科，闭壳龟属，是我国特有的一种珍稀龟类，目前仅知分布于安徽的南陵、黟县、广德、泾县等皖南地区。

一、金头闭壳龟生物学特性

1. 形态特征

头较长，头背部呈金黄色，上颌略钩曲。背甲绛褐色或黑褐

色，隆起而脊部较平，脊棱明显，雄性长 78～127 毫米，雌性长 109～191 毫米。腹甲黄色，盾片均有基本对称的大黑斑，其前、后甲以韧带相连，可完全闭合于背甲。头侧略带黄褐色，具 2 条黑线纹。四肢背部覆以灰褐色瓦状鳞片，腹部金黄色。前肢 5 爪，后肢 4 爪，指（趾）间具蹼。金头闭壳龟的形态如彩图 29～彩图 31 和图 3-10 所示。

图 3-10　金头闭壳龟外观形态

2. 生活习性

在自然环境中生活于丘陵地带的山沟或水质较清澈的山区池圹内，也常见于离水不远的灌木草丛中。人工饲养条件下，常潜于深水区，喜欢躲藏在水底的石头缝隙中。喜阴暗，善攀爬。温度在 20℃时可正常摄食，温度在 25～30℃时生长最快。

3. 食性

金头闭壳龟以动物性食物为主，兼食少量植物。在人工饲养条件下，可摄食小鱼、虾、昆虫类、蚯蚓、瘦肉、螺肉等，也摄食苹果、西瓜、葡萄等。

4. 冬眠习性

温度在 15℃以下时停食进入冬眠。

5. 繁殖习性

雄龟通常只要体重达到 120 克以上，即已性成熟。雌性金头闭壳龟的性成熟年龄一般在 15 龄左右，体重 500 克以上。每年 4—5

月和9—10月是金头闭壳龟雌性的发情期，雄龟在除冬眠期以外的任何时间都可发情，但交配成功的关键在于雌龟是否发情。交配总是雄龟主动，并总是发生在水中。雄龟发情时，往往伸长脖颈慢慢游向雌龟，接近时突然翻爬到雌龟背上，四肢伸长，牢牢抓住雌龟背甲前缘和后缘，头颈极力前伸并张嘴咬住雌龟颈部的皮肤，有时甚至咬住头部皮肤，可咬到皮破血流的程度，仍不松口。而此时雌龟惊慌地左躲右闪，尽力想把雄龟掀下身来，但雄龟紧紧地抓附其上，丝毫不放松。若雌龟未发情，则会一直挣扎下去，直到雄龟力竭身退，这一过程可以长达45分钟以上；若雌龟发情，则挣扎仅持续几分钟，然后雄龟便会松口，身体后移，直到尾基部对准雌龟的泄殖腔，伸入紫黑色的阴茎，开始交配。此时雄龟松开前肢，用后肢紧紧扣住雌龟背甲后缘两侧，身体斜立水中，借助浮力保持平衡，进行交配。这个过程可持续5～10分钟，此后雌龟会以后腿把身后的雄龟蹬开，并游走。雌龟的发情与阳光是否充足，水源是否充分，食物中的蛋白质和钙及多种维生素是否丰富以及整体的饲养环境是否足够大等饲养条件有关。产卵期为7月底到8月初，每年产卵1～2次，可分2次产出，第一次产1～7枚，第二次产1～2枚。卵乳白色，椭圆形，卵的大小为（39.5～41.5）毫米×（20.7～22.4）毫米，重12.0～14.8克。在温度为30℃时，孵化期为60～65天。

二、金头闭壳龟繁殖技术

1. 亲龟的选择与培育

选择亲龟首先要正确识别雌雄。所选亲龟要求品种纯正，体质健壮、无病无伤，达到生育年龄等。雌龟和雄龟的选配比例可为3∶1。

亲龟的培育环境要布置成水陆两栖式。日常投喂可以鱼、虾、猪肉、黄粉虫、蚯蚓等动物性饲料为主，并定期投喂些苹果、西瓜皮、葡萄等植物性饲料。每天投喂1次。冬季要将亲龟移入室内越冬。翌年春季随着温度回升，龟开始摄食，要及时进行投喂。

2. 产卵场的准备

在繁殖季节来临前，应将产卵场准备好。产卵场要铺设厚为30～40厘米的细泥沙土，泥沙湿度要适中。靠近水边要有25°～30°的斜坡，以利于亲龟进入产卵场产卵。室外产卵场四周要种植一些作物，并且上方要搭建遮阳、遮雨设施等。

3. 受精卵收集与孵化

在金头闭壳龟的产卵季节，要每天进行巡视，仔细检查产卵场是否有产卵痕迹，当发现亲龟产卵，不要立即将卵取出，而应做好标记，待其胚胎固定，动、植物极分界明显后再取出。卵取出后平放在沙盘上，然后送到孵化室孵化。孵化室应具备很好的保温性能，孵化介质可为黄沙加泥土。孵化室、孵化用沙等，使用前都要进行人工消毒。泥沙的湿度以手握沙土呈团，松开后散开为宜。孵化箱中排卵间距2～3厘米。卵排好后在其上覆盖一层2厘米厚的沙土。孵化期间要定期检查泥沙的湿度，并及时洒水保湿。室内空气相对湿度可保持在80％～85％。孵化室可安装恒温装置，在恒温30℃时，孵化期为60～65天。

三、金头闭壳龟稚龟、幼龟的饲养

1. 稚龟的饲养

刚孵出的稚龟身体柔软，活动力弱，对环境的适应能力差，因此需精心照料。一般先把稚龟放在塑料盆中暂养一段时间后，再放入稚龟池中饲养。稚龟外观如彩图32所示。

在盆中暂养时，盆中要放少量清水，水深以刚刚淹没稚龟的背甲为宜，盆中还可放置一块石头或假山，以便于稚龟爬上。一般在稚龟孵出后，待脐部卵黄囊吸收完，再进行投喂，可投喂绞碎的瘦肉、鱼肉、水蚯蚓和其他蠕虫等，暂养期间每天投喂1～2次。暂养时间不宜太长，当小龟摄食良好、体质较为强壮时，便可移入稚龟池中饲养。

稚龟池最好建在光线较好的室内，以使之具有良好的保温、防暑、防风雨、防敌害的效果。稚龟池为光滑的小水泥池，大小为

2～5 米^2，池深 40～50 厘米，池底应有一定的倾斜，使一端露出水面或建有陆地，或在水中放置假山等。池底铺一层细沙，并注水 5～10 厘米。稚龟应适当稀放。饲料以蚯蚓、瘦肉、鱼肉等动物性饲料为主，每天投喂 1～2 次，每次投喂量以在 1 小时内吃完为宜。若池水浑浊、呈浓绿色甚至发臭等，应及时换水，换水时注意温差在 3℃以内，最好换入晾晒后的温水。

2. 幼龟的饲养

幼龟饲养一般安排在室内，但也可安排在室外。幼龟池面积要大些。同样也要设有陆地等。此外，还可以在池中放养些凤眼莲，以供龟栖息、隐蔽和起到净化水质的作用。可投喂蚯蚓、小鱼、小虾、螺肉、瘦肉等。由于幼龟已经有较强的撕咬能力，所以这时投喂的食物可不必绞碎，大的用刀切碎就行了。一般每天投喂 2 次，每次投喂量也是以投喂后 1 小时吃完为宜。此外，还要定期投喂些植物性饲料，如番茄、苹果、西瓜皮、黄瓜等。饲养期间要及时换水，同时还要定期消毒等。金头闭壳龟幼龟外观如彩图 33、彩图 34 所示。

秋季随着气温下降，在室外饲养的稚龟、幼龟，应及时转入室内饲养。越冬期间，室内环境温度最好保持在 5～10℃，以使其安全越冬。在温度较低的季节，若采取加温措施，使气温、水温都保持在 25℃左右，不仅能使稚龟、幼龟安全越冬，而且还能使它们较好地摄食、生长。

四、金头闭壳龟成龟和种龟的饲养

成龟和种龟多在室外饲养池饲养，也可以在室内饲养；作为家庭观赏性饲养，则可使用较大的玻璃缸或水族箱饲养。饲养池或容器要设置成水陆两栖式，在饲养池中还可放养些水浮莲等水生植物。成龟和种龟养殖池建设可参考彩图 35 和彩图 36。

饲养过程可投喂小鱼、小虾、猪肉、蚯蚓、黄粉虫等，还要定期投喂一些植物性饲料。一般每天投喂 1～2 次。投喂时间可在早晨和傍晚，而初春、晚秋则宜在中午投喂。饲料要新鲜、可口、安全，一定不要投喂腐烂变质的饲料。龟吃剩的残饵要及时清除，以保持清洁卫生。

金头闭壳龟大部分时间都在水中，因此保持水质良好对其非常重要。饲养用水可为无污染的河水、湖水、水库水等。用自来水、井水时应经过曝晒。池水的透明度为 25 厘米。饲养期间要及时捞出漂浮在水面的粪便，如果发现水质发黑变臭要及时换水；如果是部分换水，每次换水量为总水体的 30%～40%。换水时温差在 3℃以内。

饲养期间，要定期对饲养池进行消毒，以杀菌防病。尤其是在室外饲养时，还必须做好防鼠、防蛇以及预防其他敌害的工作，以确保龟的安全。要经常观察龟的活动、摄食情况，发现异常或有病害发生，要及时采取相应措施。平时要做好养龟记录，对气温、水温、水质、饲料投喂、摄食生长、病害发生、用药情况等进行全面记录，以便于日后总结经验并改进饲养方法。冬季要切实做好越冬工作。

第四节 黄缘闭壳龟

黄缘闭壳龟（*Cuora flavomarginata*），俗名食蛇龟、中国盒龟、金头龟，隶属于脊索动物门，脊椎动物亚门，爬行纲，龟鳖目，龟科，闭壳龟属，在我国主要分布于河南、湖北、安徽、江苏、浙江、湖南、福建、台湾等少数省份。

一、黄缘闭壳龟生物学特性

1. 形态特征

黄缘闭壳龟头部光滑无鳞片，鼓膜圆而清晰，头部背面浅橄榄色，吻前端平，上喙有明显的勾曲，下颌橘红色，眼睛后面各有 1 条金黄色条纹，条纹在头部背面交汇为 U 形弧纹，纹后的颈部呈浅橘红色或者黑色。背甲绛红色或棕红色，高而隆起，正中有 1 条金黄色脊棱，壳高约为壳长的 1/2，背甲缘盾略上翘，盾片上有较清晰的同心环纹。腹甲棕黑色或者偏黄色，外缘与缘盾腹面呈米黄色，腹甲前缘略凸出，后缘呈椭圆弧形，前后边缘均无缺刻。背甲与腹甲间、腹甲前后两部分间靠韧带相连。腹甲前后两部分能向上闭合于背甲，头、尾及四肢可完全缩入壳内。四肢略扁平，上覆有瓦状排列的鳞片，呈灰褐色，前肢基部呈浅橘红色，有五趾，后肢基部呈米黄色或者黑色，具四趾，趾间具微蹼，尾短，两后肢之间及尾部的皮肤，见彩图 37、彩图 38 和图 3-11 所示。

图 3-11　黄缘闭壳龟外观形态

2. 生活习性

在自然界中，黄缘闭壳龟喜欢栖息在丘陵山区的杂草、灌木之中，群居，白天多藏匿于安静、阴暗潮湿的树根下和洞穴中，常常见到多只龟在同一洞穴中，活动地阴暗，但离清洁水源不远。生存温度为 0～39℃，昼夜活动随着季节变化而变化。4—5 月和 9—10 月气温在 18～24℃时早晚活动少，中午前后活动较多；6—8 月气温在 25～34℃时，龟以夜间、清晨或傍晚活动为主，白天隐蔽在洞穴、枯叶或沙土中；若遇雨季，则喜欢到外面淋雨。黄缘闭壳龟较其他的淡水龟类胆大，不畏惧人，除交配季节外，同类很少争斗。驯养 1 个月的个体，即可养成定时、定点摄食的习惯；喜干净，饱食后常到清洁水源洗浴和饮水；驯养 2～3 个月后，在食物的引逗下可随主人爬动。

3. 食性

黄缘闭壳龟是以食肉为主的杂食性龟类，在野外以昆虫、蠕虫、软体动物为食，如天牛、金叶虫、蜈蚣、壁虎、蜗牛等，当动物性饲料缺乏时，也食谷实类和果蔬类，在耐饥饿试验中，部分个体甚至能摄食腐烂的植物的叶。人工养殖时喜食蚯蚓、黄粉虫、蝇蛆和动物肉类以及团状鳗鲡饲料、颗粒状黄鳝饲料，不喜食带皮的死鱼、虾，在浅水区也捕食活的小鱼和小虾。

4. 冬眠习性

气温下降至 18℃时停食，降至 13℃以下时进入浅冬眠，气温下降到 5～0℃时进入深度冬眠。黄缘闭壳龟自然冬眠多隐藏于潮湿的草堆中或烂树叶下。冬眠期间，若气温回升到 13℃以上时，则黄缘闭壳龟会苏醒活动。

5. 繁殖习性

黄缘闭壳龟在自然养殖条件下的发情期为 4—5 月和 9—10 月。发情高峰期一般都在 4 月和 9 月的下旬。雄龟一般都有明显的求偶现象，而部分雌龟发情明显。求偶和交配一般都是在早上或者雨后比较明显，交配在陆地上进行。雄龟求偶的表现为：追逐、触咬、点头，围着母龟绕行，有爬背行为；求偶后期，雄龟爬到雌龟的背甲上，伸直头颈部，前肢抓在雌龟的背甲上，后腿直立，尾巴伸直。身体后部逐渐向雌龟泄殖孔移动，交配器官接近泄殖孔进行交配，交配时间约为 2 分钟。因为交配过程中雄龟常常因为身体失去平衡而从雌龟背部滚下来，然后又重新爬背，而这种爬背的动作常以失败告终，所以交配成功率比较低。

在人工驯养下的黄缘闭壳龟产卵期在 5 月中旬至 7 月中旬，其中产卵最高峰为 6 月初到月底，每年产卵 2 窝，数量为 1～4 枚。黄缘闭壳龟每天产卵的时间为 16：00—20：00，当傍晚来临时，部分雌龟进入产卵池，开始产卵。直至夜幕降临后进入高峰期，多数种龟进入产卵池后，不是急着挖洞产卵，而是选好产卵的位置。产卵窝往往比较集中，有时 2 个窝相互挨着，不同的雌龟挖窝、产卵同时进行，互不干扰，整个产卵时间为 2～4 小时，人工驯养的黄缘闭壳龟，在产卵过程中一般不会受人为干扰而停止产卵。

二、黄缘闭壳龟繁殖技术

1. 黄缘闭壳龟孵化设备

黄缘闭壳龟孵化箱可用长 60 厘米、宽 50 厘米、高 40 厘米的木箱，孵化介质为直径 0.5 毫米左右的沙子和细土，细土最好为黄泥土，沙子和细土两者的比例为 1：1。孵化前将孵化介质进行消毒或者曝晒处理，保持含水量为 7%～8%，主要设备有空调、温度控制仪、自动加湿器、湿度计、温度计等。

2. 受精卵的收集

龟卵产出 12 小时后从产卵池捡出，记录好产卵时间、产卵窝数和枚数，对龟卵进行编号后放入储卵箱连续观察 48 小时，检查龟卵的受精情况，挑出受精卵，按产卵日期写好编号，放入孵化箱里孵化。

3. 孵化管理

采用室内常温孵化或者采用室内控温孵化。采用室内控温孵化时，孵化床的温度控制在 28～30℃，室内气温利用空调、加热器自动调节。开展常温下孵化时，孵化床的温度随着季节、天气的变化而变化，孵化期间孵化床的温度变化应该在 24～32℃。孵化介质的湿度控制，前 60 天应保持在 50%～60%，后 20 天应保持在 70%～80%，孵化室空气的湿度保持在 80%～90%。每天上午、下午定时记录孵化室的气温、空气的相对湿度、孵化床的温度，定期检查受精卵的壳色变化和胚胎发育情况，及时淘汰胚胎死亡的龟卵。

4. 稚龟收集

龟苗出壳时，腹部脐孔仍然带有卵黄囊，少数龟苗的卵黄还有极少部分没有吸收完，刚刚出壳的稚龟，不能立刻放入饲养池，应让稚龟继续在孵化箱或者沙盘上稍稍停留。因为刚刚出壳的稚龟，四肢比较僵硬，血液循环不完全畅通，基本不能爬行，出壳1～2小时后才可以自由爬行。大部分稚龟都喜欢钻进孵化介质中，收集稚龟时，动作要轻，小心扒开孵化介质，避免伤害稚龟，稚龟收集后放入暂养池中暂养2～3天。暂养容器可以用大瓷盘或者大塑料盆。暂养容器要倾斜，少量放水，水深为1.5厘米，无水的一侧可放置3.0厘米厚的湿毛巾，作为稚龟隐蔽和栖息的场所。卵黄没有完全吸收的稚龟，单独放养在经过消毒的小暂养容器中，避免卵黄膜破裂和细菌感染，等待稚龟吸收完卵黄后再放入饲养池一起饲养。

三、黄缘闭壳龟养殖技术

1. 黄缘闭壳龟苗种培育技术

(1) 黄缘闭壳龟稚龟饲养池的设计　稚龟饲养池可以采用砖及混凝土结构，池长2.0米、宽1.5米、高0.6米，池底为35°斜坡状，池底和池四壁都要铺上瓷砖，避免磨损稚龟的背甲和四肢。饲养池上方用钢管作为支架搭成拱棚，夏季可以种藤蔓遮阳或用遮阳布，春、秋两季可以覆盖塑料薄膜，延长稚龟的摄食时间和生长时间。稚龟养殖池分为2个区，即摄食休息区和饮水区。摄食休息区为陆地，面积占养殖池的70%，在该区设置稚龟巢（龟的隐蔽和休息地）和食台。龟巢设计可以采用两种不同的材料和方式：第一种是用细沙作为材料，将细沙堆在养殖池的一角，供稚龟隐蔽和栖息。第二种方式就是用木箱做龟巢，将木板钉成长1.0米、宽0.6米、高0.3米的无底木箱，放在稚龟池的一角，让稚龟自由出入。通过观察两种稚龟池饲养稚龟的活动和摄食情况，发现这两种龟巢各有利弊。第一种用细沙做龟巢有利于稚龟的隐藏，相互不干扰，缺点是稚龟活动明显减少，白天一般都躲在沙子里，个体信息不易传递，不利于稚龟摄食。第二种稚龟巢的缺点是不适合黄缘闭壳龟穴居的栖息习性，容易受到敌害生物的袭击，但有利于个体间的信息传递，有利于稚龟的摄食。当饲料投到食台上，很快被少数稚龟发现并前来取食，在这些龟的影响下，其他稚龟也纷纷上台摄食。由于上台摄食率高，摄食速度快，因此，稚龟群体的生长速度快。

(2) 苗种的选择和运输 要选个体大、身体健壮的稚龟。选择稚龟的外观可参考彩图 39 和彩图 40。个体小的稚龟其体质相对较弱，后期养殖过程中抵抗力差，生长缓慢，易患病；反之，个体大、身体健壮的稚龟，后期养殖过程中抵抗力强，生长迅速。稚龟运输前，先要准备好带透气孔的塑料箱子和一些对稚龟可以起到防撞、保湿作用的保护物，如蛭石、水苔、椰土等。运输包装前先把保护物放进箱子，再把稚龟放入箱子，待稚龟自由躲入保护物，然后盖好盖子，让稚龟在保护物中稳定 30 分钟后再装车运输。

(3) 黄缘闭壳龟苗种的放养 稚龟在暂养器中养 3～4 天后，卵黄囊基本吸收完，脐带脱落干净，脐孔愈合，具备有一定的活动能力，并开始觅食，此时即可将稚龟转入饲养池中饲养。稚龟放养密度为 50～80 只/米^2。入池前先用龟鳖专用维生素 C 和 3%的食盐水为稚龟洗浴 5 分钟，对体表消毒的同时防止龟苗惊吓应激，避免入池后脐部感染病原。值得注意的是，稚龟饲养池的饮水区水深保持 1～2 厘米，切不可加水过深，否则稚龟容易呛水或者淹死。由于饲养池内加水少，池水很快被稚龟的排泄物及残饵污染，因此，每天必须换水，每 2～3 天对饲养池进行清洗处理。

(4) 饲养的日常管理 龟苗饲养的日常管理，除了正常的投喂、换水外，养殖过程中要特别注意温度、光照强度、饲料种类、环境变化等因素对稚龟活动及生长影响。积极改善稚龟养殖的生态环境，以适应稚龟正常生长的需要，并做好日常生产记录。

①饲料投喂：龟苗出壳 4～7 天便可喂食。饲料种类可用熟蛋黄、熟南瓜或专用的稚龟开口粮拌入一些软性的果蔬性食物。每次投喂的饲料量控制在龟苗自身重量的 1%，或以 1 小时吃完为宜。每天投喂 1～2 次。

②水质管理：黄缘闭壳龟属于水陆两栖龟类，用井水或自来水养殖都可以，每次投喂完 1 小时后换水，避免残留的饲料和稚龟的排泄物污染水质，从而导致稚龟受病菌感染。稚龟池浅水区的水深

控制在 2～3 厘米。

（5）提高苗种培育成活率的重要措施 刚刚出壳的稚龟，体质比较弱，活动能力差，对外界条件变化的适应能力差，易受病原及敌害生物的侵袭，因此，加强对敌害生物的预防和常见疾病的防治是提高稚龟培育成活率的重要措施。

敌害生物的预防：黄缘闭壳龟主要在陆地生活栖息，容易暴露在敌害生物的捕食和活动范围之内，易受到敌害生物的袭击。常见敌害生物有老鼠、蛇类以及大型鸟类，如乌鸦、老鹰等，这些生物都喜欢捕食黄缘闭壳龟稚龟。敌害生物的预防方法是饲养尽量建在地平面以上，养殖池四周及池壁保持光滑，池上设置防护网，养殖池内设置稚龟隐蔽的龟巢，防止蛇类、鼠类进入。只要根据敌害生物的生活习性，采取相应的预防措施，可以将敌害生物的危害降到最低程度。

常见疾病的防治：黄缘闭壳龟稚龟培育过程最常见的疾病主要有肠胃炎、脐部发炎、萎瘪病等。

①肠胃炎：一般都是由于投喂不当、水质管理不到位引起细菌感染而导致发病的。还有一种原因是投喂后，遭遇天气忽然变冷，温差过大，引起消化不良，导致龟苗发生肠胃炎。肠胃炎主要表现为：稚龟少食或者停食，四肢无力，粪便稀软或呈水样，便色淡绿色，严重时伴有腥臭味。

防治方法：保持饲养池的良好水质，坚持每天更换干净水，投喂后及时清理残余饲料，在饲料中拌入治疗调理的药物一起投喂，如土霉素、黄连素或龟鳖专用的肠胃用药等，7 天为 1 个疗程。

②脐部发炎：稚龟脐部发炎是由于出壳时对稚龟脐部不及时处理导致的局部感染，严重时可见稚龟脐部周围发红凸起，化脓，引起器官内部并发症，最后导致死亡。

防治方法；稚龟出壳后用 700 毫克/升的龙胆紫溶液给龟苗沐浴消毒。对那些没有收好脐的稚龟，可以用医用酒精和碘酒对肚脐进行消毒后，单独放在暂养器中，待它肚脐的卵黄吸收完全后再放入饲养池中饲养。

③萎瘪病：稚龟由于先天发育不良，导致苗体瘦弱干瘪；或者人工养殖密度过大，喂料时体质偏弱的龟苗因抢不到饲料，而导致营养不良。这两种情况都可以让稚龟出现萎瘪病，该病目前尚没有特效的治疗方法。主要预防措施是控制好养殖密度，养殖池内设多个食台投喂，避免龟苗出现抢不到饲料的现象。

2. 黄缘闭壳龟庭院养殖技术

(1) 场地选择与要求 黄缘闭壳龟属于水陆两栖龟类，可以选择在家里的阳台、前院或后院阳光充足且空气流通相对较好的地方来饲养种龟。养殖环境布局可参考彩图 41、彩图 42 和图 3-12。

图 3-12 黄缘闭壳龟庭院养殖场

(2) 养殖池的建设 养殖池的大小需要按养殖种龟的数量来定，一般每 20～25 只种龟需要 1 米^2 的养殖池面积。养殖池内种一些绿色植物，并设置一些人工洞穴让龟隐蔽和栖息，如彩图 43 和彩图 44 所示。

(3) 防逃设施 黄缘闭壳龟属于水陆两栖型动物，喜欢攀爬，饲养池必须做好防攀爬逃跑措施。养殖池四围要做防逃墙，墙的高低由池内龟的大小而定，一般成龟池墙高 30 厘米，幼龟池的防逃墙可低些。防逃墙用砖砌成，加贴瓷砖，使防逃墙四壁光滑，垂直高出龟的活动场地 30 厘米。如果不铺设瓷砖可在养殖池的四角，龟容易逃跑的地方，镶嵌一块三角形水泥板或将池角砌成钝角。

(4) 食台设计　食台是放饲料供龟吃食的地方，一般都设在龟吃食方便的位置。食台要设在陆地上。食台上方最好搭盖遮阳防雨的棚架，防止因日晒雨淋引起饲料腐化变质。

(5) 进、排水管道设置　人工养殖的环境下成龟密度大，而龟又喜洁怕脏，龟池要经常换水。需要在龟池安装进、排水管。为了能更好地抽取污物，排水管要设在池底最低处。进、排水管的大小依龟池的大小及换水情况而定。

(6) 放养前准备　放养前应该先选配好种龟，一般黄缘闭壳龟种龟都是 1 雄配 2 雌为 1 组。选好需要养殖的成年龟后，用 15 毫克/升的高锰酸钾溶液对龟进行沐浴消毒 10 分钟，消毒后静放 1 小时，待龟情绪稳定后，直接放入饲养池饲养。

(7) 成龟养殖的日常管理

①投喂。黄缘闭壳龟的饲料主要包括黄粉虫、蚯蚓、蚕蛹、葡萄、南瓜、番茄、米饭等。黄缘闭壳龟是以素食为主的杂食性动物，日常投喂以素食为主。4—9 月每天投喂 1 次，投喂量以龟体重的 8%为宜。8—9 月的投喂量应相应增大，让龟体内储存的营养物质能满足龟冬眠时的营养需要。定期添喂多种复合维生素，将药物拌入肉糜中投喂。体重 20～30 克的龟应增加投喂钙，以防龟患骨质软化症。投喂应定点、定时，以方便观察龟的进食情况。

②观察。黄缘闭壳龟活动范围比较大，适应力强。可根据龟的生活特点，采取看、查、记相结合的方法，对龟进行日常观察。

看：首先要检查龟饲养池里是否有敌害生物入侵，查看是否有它们留下的粪便、脚印，发现后必须采取防护措施。其次，经常检查龟的腋窝、胯窝等处是否有寄生虫，如果发现需要及时处理。

查：每天巡查龟的数量，巡视浅水区域内的水质、水位情况，水质变坏要及时进行换水处理。初春、深秋季节换水时，应注意水的温差不要超过 3℃。在夏季下雨后应及时排水。经常检查产卵场内的沙是否足够多，尤其是在夏季、冬季。夏季因为龟喜欢躲藏在沙中避暑；冬季则是因为龟要钻入沙中冬眠。因此，沙少后，对龟不利，且龟产的卵埋得较浅，易被其他龟爬动时带出来，被压碎或被吃掉。

记：每天做好日常工作记录，如气温、天气、喂食、生长情况等，以积累养殖技术资料，对养殖生产过程实现可追溯。

（8）常见病害防治技术 本书第六章有详细介绍，供读者参考。

第五节 黑颈乌龟

黑颈乌龟（*Mauremys nigricans*），俗名泥龟、臭龟、广东草龟、广东乌龟等，隶属于脊索动物门，脊椎动物亚门，爬行纲，龟鳖目，龟科，乌龟属。主要分布于我国的广东、广西、海南，国外分布于越南。

一、黑颈乌龟生物学特性

1. 形态特征

黑颈乌龟成龟背甲黑色或棕黑色，幼龟背甲则略呈棕黑色，呈椭圆形，且较为平扁，中央纵行脊棱明显，无侧棱。腹甲黄色（稚龟腹甲为橘红色、幼龟腹甲为棕黄色），每块盾片边缘均有黑色不规则斑块。头部大且宽，吻钝，头部黑色，侧面有黄绿色条纹（幼体头部侧面或颈部为橘红色）。四肢黑色无条纹，指、趾间具蹼。尾黑色且较短。黑颈乌龟的外形如彩图 45、彩图 46 和图 3-13 所示。

2. 生活习性

黑颈乌龟属喜温动物，其分布区局限于热带和亚热带。所有现存黑颈乌龟均营水陆两栖生活，其栖息地离不开水，但不同黑颈乌龟栖居的水体却各具特点。多数黑颈乌龟既生活于静水，也生活于流水，但有一些黑颈乌龟居静水，不喜流动的水体，而有一些黑颈乌龟却只在河流或溪流生活。黑颈乌龟均喜晒太阳取暖，这对获得外源热，减少体内物质消耗有重要作用。

图 3-13　黑颈乌龟背面、腹面外观形态

a. 背面观（左为雄龟，右为雌龟）　b. 腹面观（左为雄龟，右为雌龟）

3. 食性

黑颈乌龟为杂食性龟类，在人工饲养下，食瘦猪肉、鱼肉、虾肉、家禽内脏及少量瓜果、菜叶。

4. 冬眠习性

黑颈乌龟喜暖怕寒，适宜温度为 25～30℃，环境温度在 18℃以下时开始冬眠。

5. 繁殖习性

人工饲养的黑颈乌龟性成熟较野生黑颈乌龟早些，多数黑颈乌龟每年只繁殖 1 次。黑颈乌龟的交配产卵期与卵孵化要求的湿度和温度有密切关系，由于各地出现适于产卵孵化的气候、时间不同，故产卵时间亦不同。黑颈乌龟繁殖最大特性为孵化温度控制幼黑颈乌龟稚龟的性别。即孵化出的黑颈乌龟的性别取决于孵化温度，而非幼黑颈乌龟的亲本性染色体决定其性别。黑颈乌龟卵孵化期的长短也与孵化时的温度有关，呈反相关。温度越高，孵化时间越短，反之亦然。

二、黑颈乌龟繁殖技术

（一）亲龟鉴别

雌性黑颈龟体型较大，尾较短且小，泄殖腔孔距背甲后部边缘较近；雄龟体型较小，尾根部粗且较长，泄殖腔孔距背甲后部边缘较远。一般雄龟个体头颈、四肢泛红色，而雌龟没有。

（二）亲龟饲养管理

雌、雄龟比例一般为2∶1，放养密度为3～5只/米^2。动物性饲料与植物性饲料的搭配比例大致可定为8∶2，动物性饲料在投喂前应切碎，与植物性饲料混合投喂。日投喂量约为亲龟体重的5%，具体应视每天的天气与观察的情况灵活掌握。天气正常，温度较高时，摄食强度大，应多投；天气突变，气压低时，则应少投。当发现前一次投喂的饲料没有吃完或动物性、植物性饲料有明显剩余，则应在下一次投喂时对投喂量及动物性、植物饲料进行调整；投喂时间一般是每天08：00—09：00。

黑颈乌龟在受到惊扰时隐藏地点主要是水下，因此，可在池中间固定设置几块浮板，供龟晒背。在温度较高的夏季，还应在陆地活动场所搭设遮阳棚或网。亲龟池应保持清洁卫生，陆地活动场所上的杂草要勤修剪和清除，避免其过度生长，水中的漂浮杂物要及时捞出，防止霉变而影响水质。亲龟在交配产卵期间，除每天投喂饲料和收集受精卵外，应尽量减少龟池的日常操作，夜晚要减少或避免在亲龟池周围走动，避免干扰亲龟的交配和掘穴产卵。亲龟池防逃墙要常检查，防敌害，特别是在产卵期，要防止蛇、鼠、家畜、水鸟等干扰亲龟交配、掠食受精卵。亲龟在培育过程中如发现病龟、死龟应及时拣出并查找分析原因，采取措施，防止病害蔓延。黑颈乌龟亲龟培育池建设可参考图3-14。

（三）交配

雄龟头部伸出，以吻端触顶雌龟的吻端。若雌龟不愿意接受，则转身爬走。愿意接受触吻的雌龟，经过少则几次、多则十几次的触吻后，其颈部缩入壳内，仅头部外露。这时，雄龟以吻端触顶雌龟的吻部和雌龟的下巴，直到雌龟闭眼或头部僵直不动时，雄龟则从雌龟的肩侧或腰侧，爬到雌龟的背甲上，伸直头颈部。然后，雄

图 3-14　黑颈乌龟亲龟培育池

龟后退至雌龟背甲后端，用力伸直头颈部，前肢抱着雌龟背甲，后肢立地接尾。若雌龟不愿接受交配，则将肛甲板压地和缩尾，雄龟则因无法交媾而自动离去。若雌龟愿意接受交配，雌龟四足立地，用力将身体抬空，头尾伸直，尾部上翘。雄龟则竖直身体，后肢立地，尾部反伸于雌龟尾下，伸出阴茎并插入雌龟的泄殖腔内。此时，二者均不动，雌龟头颈尽力前伸，前肢用力抬高前身，后肢扒地。雄龟体态为侧身或仰身，头部缩入壳内，前肢收缩，后肢紧抱住雌龟的尾基部。过一段时间后，雄龟后肢伸直，有时伸头。抱伸交替 10 余次后，雌龟动身并以后肢推雄龟肛甲板后端或拖着雄龟爬行。最后，雄龟阴茎退出，交配结束。

（四）产卵

黑颈乌龟产卵期为 4—8 月，产卵旺季为 5 月上旬至 7 月上旬，气温在 26℃左右，产卵时间多在夜间，集中在凌晨。因此，在亲龟产卵期间，亲龟池周围应尽量保持安静。一般每次产卵 8～9 枚，最多时有 12 枚，卵白色，长椭圆形，卵平均长径为 46.2 毫米，平均短径为 24.1 毫米。卵重 6～18 克。受精卵收集多在早上进行。

在产卵场上仔细观察，会发现有一堆一堆的新土，此即为亲龟掘穴产卵后留下的痕迹，轻轻除掉卵窝上的泥土，便可看到受精卵。收卵要及时，并且动作要稳、轻、柔，避免卵震动和摔破。

（五）孵化

孵化时要准备一些孵化箱，孵化箱长 1.0 米、宽 0.5 米、深 0.2 米，箱底有滤水孔。将收集的受精卵转移到专用孵化房内的孵化箱，在箱底层铺上厚约 10 厘米的碎石粗沙，以增强孵化床的滤水性能，在碎石、粗沙的表面再铺设厚为 20 厘米的泥土。把受精卵的动物极朝上紧密整齐排列，受精卵上面再铺盖一层厚约 3 厘米的粗沙。受精卵在孵化期间，注意控制好温度，使孵化室内温度保持在 28～30℃，特别要注意防止温度过高而造成死卵或孵化出畸形龟。每天检查孵化床，视孵化土壤含水量调节湿度。调节湿度的工作主要是对孵化床进行加湿处理，方法是隔天用喷雾器向孵化床上喷一次水，加湿时喷嘴在孵化床上停留 1～2 秒即可。孵化室要求有一定数量的通风口，保持空气清新，不宜封闭太严。除非特殊情况，不能翻动受精卵，避免受精卵死亡。在检查孵化床温度和湿度等管理操作过程中，动作要轻，同时应注意防止蛇、鼠、猫、蚂蚁等敌害进入孵化床，以免影响孵化。每个孵化床上放置的受精卵要标记日期并做好记录，计算好稚龟出壳时间，以便提前准备好稚龟培育池及饲料、工具等。一般经过 60～75 天稚龟将破壳而出。

三、黑颈乌龟养殖技术

（一）稚龟培育技术

培育稚龟宜用小容器（如塑料盆、不锈钢箱等），养在室内为主，室内环境变化小，有利于管理。当气温过低时可人工加温维持稚龟的生长。稚龟池面积不宜过大，以每个 1～2 米^2 为好，容器深 30 厘米，可蓄水 15 厘米深左右。黑颈乌龟稚龟外观如彩图 47 和彩图 48 所示。

稚龟生长期间，其生长迅速、增重快。如在稚龟生长最适温度26～28℃时，8克重的稚龟经1个月时间的养殖增重率达到35%，平均日增重接近0.1克。稚龟摄食量大，排泄物增多，水质容易恶化，这将影响龟的生长。而个体长大后，龟相互争食的情况出现，也会造成个体增长不匀。因此，稚龟阶段要进行必要的分池，调整放养密度，可根据稚龟体重分组，10克以下为一组，10～20克为一组，20克以上为一组。在集约化控温养殖时的放养密度分别为：10克以下的稚龟100只/米^{2}左右；10～20克的稚龟80只/米^2；20克以上的稚龟放养密度应调整为50只/米^{2}左右。在常温养殖时，稚龟从孵化出到入冬前，仅有3个月左右的生长期，一般稚龟长到15克后，就要进入冬眠期了。为了在有限的生长期内让龟尽量快速增长，也有的以稀养速成来达到快速增重的目的。刚出壳的稚龟有外露未吸收完的卵黄囊，身体娇嫩，因此，刚出壳的稚龟不宜直接下池。应先让其在盛有1～2厘米浅水的光滑容器内或铺有潮湿粉状细沙的容器中自由爬行活动，过2～3天卵黄囊才吸收完全，腹甲盾片愈合后即可放入较大容器继续暂养。这时稚龟开始摄食，首先给稚龟投喂水蚯蚓、熟蛋黄等饲料。过2周后可投喂绞碎的新鲜动物性饲料，如小鱼、小虾、螺蚌类。每天投喂2次，09：00和17：00各投喂1次，能让稚龟均匀摄食，增快生长速度，在前半个月时间每天按稚龟体重的5%投喂，以后可按8%投喂。每次投喂的量以投喂3小时后略有剩余为准。稚龟池面积小，水体少，放养密度大，水温高，摄食量大，排泄物多。因此，每天要排出池底沉积物及部分老水，注加新水，以调节水质。注意控制好水温，加入池水的温度与原池水温差不能大于3℃。在养殖中应用气泵间歇地向池中增氧充气。稚龟生长的最佳温度为25～30℃，在这个温度下，龟摄食较多，生长较快。进入10月后，当水温下降到18℃时，应及时加温养殖，水温控制在26～30℃。

（二）幼龟饲养技术

幼龟池面积不宜过大，一般为2～10米^2。池呈长方形、水泥砖石结构，池壁高1.2～1.3米，池内蓄水深度为10～20厘米。池的一侧用砖块或水泥板砌成一块与水面平行（或略高出水面的平台），作为龟陆栖和晒背的场所。紧靠水泥平台处用水泥板或木板设置食台，其面积依放养数量而定。幼龟池的排、灌水系统要配套。出水口要装栅栏，以防止幼龟随排水逃跑。幼龟的放养密度为20只/米^{2}左右。幼龟放池前可用3%的食盐水浸洗10分钟，再剔除伤病龟后放入池中。幼龟在处于快速生长的时期，对营养的需求比较迫切，饲料的蛋白质含量要在35%～40%，日投饲量应占体重的5%～8%。以动物性饲料为主，如鱼肉、虾肉、螺蚌肉、瘦肉、蚯蚓、畜禽内脏等，植物性饲料为辅，主要有南瓜、小麦粉、菜叶等，将其绞碎或榨成汁与动物性饲料一起搅拌。每天投饲2次，即08：00—09：00和16：00—17：00。每次投饲量以吃饱或投喂1小时后略有剩余为准。要保持幼龟养殖池水质的良好。一般每10天要向水中泼洒1次生石灰，保证水体pH在7.5～8.0，起到抑制有害微生物生长的作用。需要换水时，尽可能从池底部排水，这样可带走部分沉积的粪便和落入水的残饵。每次抽排1/3的水体后再加入新水。新水和原池水的温差应小于3℃。为保持水体水质良好，可在池水中泼洒有益微生物制剂，在池面种植水浮莲、浮萍等漂浮植物，种植面积占池面积的1/4左右，这些植物都能吸收水中的营养素，降低氮、磷含量，清洁水质。水质透明度保持在20～30厘米为宜。

（三）成龟养殖技术

可在露天水泥池、池塘里饲养，放养密度为3～8只/米^2。人工养殖投饲时间应定在上午、下午各1次，并在固定的食台投喂饲料。饲料投喂要根据龟的体重进行计算后，再定量投喂。日投饲量为龟体重5%～8%。同时每次投食后，观察龟的摄食情况，及时调整投饲量，以免造成饲料浪费和造成水质恶化。

养殖过程要定期检查龟的生长情况、水质状况、龟的病害等。有条件的地方应对水质做常规检测，如pH、硬度、铵态氮和硫化物等。可根据检测结果及时换水、防病、治病、分池等，达到快速养殖的目的。黑颈乌龟成龟养殖池建设可参考彩图 49 和彩图 50。

（四）越冬管理

1. 稚龟越冬

因当年稚龟个体小，体内储存物质少，对环境的适应能力差，在自然温度降到 20℃时，就要准备越冬防冻工作。选择自然越冬的，应采取室内越冬保温措施，先在池内放入泥沙，浇上水，使泥沙湿润，以手能将泥沙捏成团，不出水，又能使稚龟钻入为度。越冬期间不用喂食，但当池中泥沙过于干燥时，要适当洒水，以维持必要的湿度。气温过低时，可在泥沙上面加盖稻草保温。也可以选择在室内温室越冬，水温控制在 26～30℃。加温饲养期间，正常投喂，投喂方法与过冬前一致。保持水质的清新，及时换新水，并清除残饲和粪便。

2. 幼龟和成龟越冬

立冬前后，黑颈乌龟将要进入冬眠状态。若越冬场所不好，龟无法正常越冬，直接影响翌年龟的健康生长和繁殖。在越冬前应在龟池岸边向阳避风处设一些洞穴，使龟能自由进入洞内冬眠。越冬洞穴合适，气温降至 15℃以下时，便开始群集重叠在一处进入冬眠。整个越冬期间，龟头、尾、四肢均缩入壳内，双目紧闭，不食不动不排泄，直至结束冬眠才移动位置。冬眠温度在 3～10℃是适宜的。高于 10℃很易引起龟的苏醒，从而消耗体力，造成龟的体质下降，对翌年的生长繁殖都不利。一个冬眠期内多次反复冬眠和苏醒也会引起龟的死亡。低于 0℃的温度龟会被冻伤，甚至冻死。

（五）常见病害防治技术

本书第六章有详细介绍，供读者参考。

第六节　广西拟水龟

广西拟水龟（*Mauremys guangxiensis*），俗名有南种石龟等，

隶属于脊索动物门，脊椎动物亚门，爬行纲，龟鳖目，龟科，拟水龟属，我国主要分布在广西，国外分布在越南。目前人工养殖已形成种群，主要分布在广西、广东、海南、湖南、湖北和浙江等省份。

一、广西拟水龟生物学特性

1. 形态特征

广西拟水龟头部背面似橄榄黄褐色，色泽较深，并夹杂零星黑花点。眼后侧有一条黑色纹延伸至耳鼓膜，嘴角还有一条黑纹伸至耳鼓膜下，耳鼓膜淡黄色至咽部。龟苗背甲黑褐色，头顶为橄榄黄褐色，色泽深。眼珠子两侧的角膜上各有1个黑点，一眼看过去，广西拟水龟的眼睛似成一条黑线，眼睑部灰绿色。龟脊棱明显，从龟苗到成龟，1条粗黑色的脊棱从颈盾直通臀盾到达尾部，龟苗四肢全部呈黑褐色，长大后少部分龟四肢向下部分呈淡黄色，龟腹甲淡黄色，有2条纵向粗大黑斑，每片腹盾上的黑斑较大，完整，甲桥全部为黑色。广西拟水龟的外观形态特征如彩图51、彩图52和图3-15所示。

图3-15　广西拟水龟外观形态特征对比

a. 背面观（左为雄龟，右为雌龟）　b. 腹面观（左为雄龟，右为雌龟）

2. 生活习性

广西拟水龟抗逆性强，能耐饥寒。广西拟水龟属水陆两栖龟类，人工饲养时多见栖息于水中。每年4—8月为繁殖期，5—6月为产卵高峰，为卵生动物。

3. 食性

杂食性，小鱼、小虾、肉类、动物内脏等及螺、蛇、果皮、玉米等均可作为食物，但以新鲜肉类最好。每年6—9月是食欲最旺、生长最迅速的一段时间。在人工饲养的条件下，1年可生长750克。

4. 冬眠习性

广西拟水龟是冷血动物，其体温随着外界温度的变化而变化，但略高于外界温度。一般在每年12月上旬，气温在12℃以下时开始冬眠，到翌年4月中、下旬，气温回升到12℃以上时又苏醒，当气温达到20℃以上时，龟的摄食和活动恢复正常。

从4月中、下旬到10月中、下旬，环境温度在20～35℃之间，这一阶段广西拟水龟忙于觅食、发情、交配、繁殖。广西拟水龟的生长适宜温度是22～32℃，当环境温度超过35℃时，广西拟水龟出现夏眠现象。当温度低于20℃时，食量减少、不食，寻找越冬场所。温度在12℃以下时，龟不食不动，进入冬眠，人工养殖条件下，冬季应防止龟池结冰，无特殊情况，不惊动冬眠中的龟以免损耗龟的能量。

5. 繁殖习性

(1) 雌、雄龟区别　雄性的龟四肢较长，背甲较窄，尾粗且长，尾基部粗，肛门距腹甲后缘较远，腹甲的2块肛盾形成的缺刻较深。

雌性的龟背甲较宽，尾细且短，尾基部细，肛门距腹甲后缘较近，腹甲的2块肛盾形成的缺刻较浅。雌、雄龟外观形态特征对比见彩图51和彩图52所示。

(2) 性腺发育与产卵习性　广西拟水龟养殖性成熟需5冬龄，少部分发育良好的亲龟，4冬龄开始试产卵，每次1～2枚，卵粒较细，一般重6～8克，个别为10克，大多数不受精，卵在6年之后才正常。一般每只亲龟每年产卵2～3窝，每窝3～8个，少数每年产4窝。第一年产的卵几乎不受精，第二年的受精率为30%～50%，3年以后为60%～80%。人工养殖选育性腺发育好、个体大的亲龟，每年产卵可达20多个，比野生亲龟提高1倍以上。广西拟水龟产卵时间为4—8月，以5—7月产量最多、最好，每次产卵间隔时间为 20～30 天。

（3）亲龟选择与配比 开展人工繁殖时，最好选 6 龄以上、个体较大、体质健壮、活泼好动、无病无伤的野生雌、雄成龟作为亲龟，也可以选择人工养殖的达性成熟的个体作为亲龟，雌、雄亲龟的配比为 2∶1。广西拟水龟的产卵形态如彩图 53 所示。

二、广西拟水龟繁殖技术

1. 孵化工具

规模较大的繁殖场应设专门的孵化室，孵化室内设有恒温、恒湿调控设备，通风良好，光线充足，清洁安静。家庭养殖一般采用孵化箱孵化，孵化箱最好采用塑料箱（盘），若采用木箱应在箱内铺上一层塑料薄膜，因为孵卵泥沙湿润，木箱吸收泥沙水分易蒸发干燥，木箱板也因潮湿很容易产生霉菌从而影响孵化率。孵化介质一般采用 40％的干黄泥粉加 60％细沙充分混合后调水配制。泥沙的含水量以手抓成团，轻轻丢下即散为宜；手抓泥沙，手掌感觉泥沙稍湿润即可。

2. 人工孵化

（1）龟卵收集 与三线闭壳龟相同。观察亲龟产卵行为，标记卵窝位置，产后即可收卵；收卵时，轻轻拔开沙土，平移取出龟卵，放在垫有湿润海绵或细沙的托盆中，盖上海绵或细沙，运回孵化房。

（2）受精卵鉴别 产出 24 小时后卵中部出现清晰的白点，7 天内白点环绕中部逐渐扩大，最后形成一圈乳白色环带的是受精卵，如图 3-16 所示。

（3）受精卵放置 孵化箱内先铺上 5～10 厘米的孵化介质，把受精卵间隔 1～2 厘米平放在其上，再铺盖 3～5 厘米的孵化介质，贴好标签，注明日期、数量，放置于孵化房中。

（4）孵化过程控制 要定期观察孵化箱内泥沙的湿度变化，如果泥沙变白干燥，要用喷雾器适当喷水保湿，但是切忌一次喷水过量。环境温度在 28～32℃时，孵化时间为 65～70 天。温度低时孵化时间延长。孵化过程受精卵放置如彩图 54 所示。

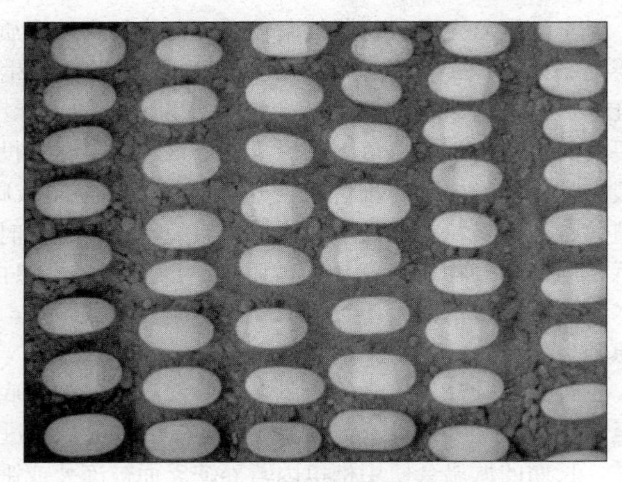

图 3-16　广西拟水龟受精卵外观形态

3. 稚龟饲养技术

(1) 稚龟、幼龟的养殖管理　每年 7—10 月是广西拟水龟孵化出壳的季节。这个阶段适合稚龟生长最佳温度（29～31℃）的时间不多，而稚龟身体机能尚未健全，抗御恶劣环境能力差，很容易生病死亡。这个阶段的养殖管理至关重要，应引起高度重视，细心呵护才会取得良好的经济效益。

(2) 出壳处理　刚出壳的稚龟娇嫩，有的脐带未完全脱落，卵黄囊外露在脐孔处。先用 20 毫克/升高锰酸钾溶液浸稚龟 10 分钟进行体表消毒。将其放入塑料盘内爬行，等脐带脱落腹甲脐孔闭合后，放上清水，水深以淹过龟背 1～2 厘米为宜，如彩图 55～彩图 61 所示。

(3) 投喂管理　稚龟出壳后 3 天才开始喂食，稚龟喂食第一周最好用红虫（水蚯蚓）或小蚯蚓投喂，也可喂煮熟的蛋黄或将小虾带壳剁烂投喂，食物应投放在预先做好的高出水面的食台上让其自由采食。小龟开始摄食不多，投喂量以投喂后 2 小时吃完为准，每天投喂 2～3 次。50 克以下的稚龟因抗病能力较差，所以每次喂食前都要将食台清洗干净。每周用高锰酸钾消毒养殖容器、食台、龟苗1次。由于稚龟出壳后，前期气温较高，食物易腐败变质，投喂量一定要控制好，以免小龟吃到腐败残饵患胃肠炎影响生长。50克以下稚龟，饲料应以小虾、小鱼、蚯蚓等为主，如果无小的鱼、虾，要喂大的鱼肉的，应将鱼肉剁烂再加上3%骨粉混合投喂。若长期投喂肉类、动物内脏，稚龟长期缺钙，就很容易长成畸形龟，影响养殖效益。饲料粒度最好小于稚龟的口裂，饲料过大时，稚龟要用前爪帮助撕咬食物，很容易伤着眼部，因细菌感染患白眼病。每次换水时要注意水的温差不能超过3℃，温差超过5℃，稚龟容易感冒患肺炎死去。

(4) 生长特点 最早出壳的稚龟在自然气温下，到年底最大的仅增重至20克，后期出壳的稚龟有的还没有吃上东西就进入到低温的冬季，长期的低温会使用稚龟因营养缺乏而被冻死或饿死，影响成活率。因为冬眠挨饿的缘故，翌年稚龟生长速度很慢，一般不会超过150克。为了让稚龟顺利越冬，加快生长速度，在10月中旬“霜降”节气之后就应该根据养殖数量情况，建立温室或温箱进行控温养殖，让其在冬季正常生长。广西拟水龟稚龟外观形态如彩图62～彩图64和图3-17所示。

图3-17 广西拟水龟稚龟

三、广西拟水龟养殖技术

1. 广西拟水龟养殖的基本条件

(1) 养殖容器 塑料盘、金属托、泡沫箱、水池等一切可以盛水，又能防逃的容器都可以养龟，可以在室内、外搭架分层养殖。由于龟生性善静，不打架，商品龟养殖密度可以在20只/米^{2}左右。

(2) 养殖用水 龟是用肺呼吸的动物，只要是清洁的井水、河水、自来水都可用。水深以浸过龟背2厘米为宜。

(3) 温度 龟是外热源性的动物，身体机能主要受温度变化影响。水温在15℃以下时冬眠，20℃以上时开始摄食，摄食适宜温度为25～32℃，优选水温为30～31℃。34℃以上时摄食明显减少并进入夏眠，在38℃水温2小时以后开始热死，这是在养殖过程中必须要掌握的基本技术指标。

(4) 营养要求 广西拟水龟以动物性饲料为主，少量摄食瓜果、菜叶。可投喂低值小鱼、小虾、螺、昆虫、肉类及动物内脏。由于龟的外壳占体重的38%～40%，为了保证生长的正常需要，应以含钙较高的小鱼、小虾为主，以免摄入蛋白质过量变成畸形龟。

2. 养殖技术要点

(1) 场地条件要求 交通方便，环境安静、通风向阳、空气清新、土质坚实、保水性好，可防旱、防涝、防逃、防盗的家庭院落。

(2) 水源、水质条件 水源充足，排、灌方便，水源水质符合国家有关标准。

(3) 养殖池建设 养殖池按不同养殖阶段分为稚龟池、幼龟池和食用龟养殖池：稚龟池可用无毒无味的塑料盆、塑料箱、塑料桶、水泥池等；幼龟池、食用龟池可用玻璃钢水池、水泥池或土池。

①池形结构：养殖池形状多样，以长方形为好。池底平缓，池壁平滑。池内设高出水面5～30厘米、占全池面积1/6～1/4的陆地，边坡与池底相连。池内设置食台。各养殖池设置独立进、排水管道。

建在室外的养殖池应有遮阳设施；室内的养殖池可多层设置。

②养殖池的规格：除塑料箱是根据养殖的规模到市面上销售的塑料规格来挑选外，需要在室内、外建设的各类养殖池的规格可参考表 3-2 的规格进行建设。室内养殖池建设如彩图 65、彩图 66 所示，室外养殖池可参考彩图 67 和彩图 68。

表 3-2 广西拟水龟养殖池规格

名称	面积（米^2/口）	池深（米）	水深（厘米）	边坡坡度（°）
稚龟池	0.2～5.0	0.2～0.4	4.0～5.0	5.0～10.0
幼龟池	1.0～10.0	0.3～0.6	8.0～10.0	10.0～15.0
成龟池	2.0～30.0	0.4～1.0	10.0～35.0	15.0～30.0

(4) 稚龟饲养 要挑选体表洁净，脐部收敛良好，无病、无伤、无畸形，头颈、四肢、尾巴伸缩灵活，双眼有神，爬行迅速的稚龟作为种苗，如彩图 61 所示。

①消毒：放养前养殖池用 20 毫克/升高锰酸钾浸泡消毒 30 分钟，然后用清水冲洗干净；稚龟用 3%的食盐水浸泡消毒 5～10 分钟。在水温达 22～32℃时均可放苗。

②放养密度：个体重 10 克以下，放养密度为 90～100 只/米^2；个体重 10～25 克，放养密度为 70～80 只/米^2；个体重 25～50 克，放养密度为 50～60 只/米^2。

③饲料投喂：以动物性饲料为主，植物性饲料为辅。动物性饲料可选择鱼、虾、蚯蚓、水蚤、水蚯蚓、黄粉虫等；植物性饲料可选择香蕉、葡萄等；亦可投喂配合饲料。投喂方法是：动物性饲料切碎或搅成肉糜后投喂；粉状配合饲料加适量水搅拌制成团状投喂，或与动物性饲料绞成团状投喂；膨化配合饲料直接投喂；植物性饲料切成条、块或片投喂。每天早、中、晚各投喂 1 次。饲料投放于食台上。日投饲量占龟总体重的 5%～10%，以投喂后 1 小时内吃完为宜。每周投喂 1 次香蕉或葡萄等适口植物性饲料。

④日常管理：每天早、晚喂料前后巡查龟池，检查龟的活动、摄食、生长以及防敌害、防逃、防盗等设施安全情况。定期检查、测定生长情况；投喂2小时后换水，换水时温差不能超过3℃。要保持水位稳定。换水时要清洗食台，清除水池中的污物、残饵。夏季当气温大于30℃时，应采用遮阳、通风或加冰等降温措施，防止水温超过33℃。冬季当气温小于15℃时，可让其自然越冬，但要保持水温在5℃以上；亦可利用加温设施，保持水温在28～30℃，进行投饲养殖；养殖全过程要做好生产记录。

(5) 幼龟饲养　选择龟苗时要选择规格一致，头、颈、四肢、尾伸缩灵活，双眼有神，龟体完整、健壮活泼，无病、无伤、无畸形，体重在50克以上的幼龟。

①消毒：与稚龟饲养的要求相同。

②放养密度：个体重50～100克，放养密度为30～40只/米^2；个体重100～200克，放养密度为20～30只/米^2；个体重200～250克，放养密度为15～20只/米^2。

③饲料投喂：与稚龟投喂的要求相同。

④日常管理：与稚龟饲养的要求相同。

(6) 成龟饲养　选择龟苗时要按幼龟饲养的标准来挑选。

①消毒：与幼龟饲养的要求相同。

②放养密度：个体重251～500克，放养密度为15～20只/米^2；个体重500克以上，放养密度为10～15只/米^2。

③饲料投喂：动物性饲料可选择小鱼、小虾、螺肉、蚌肉等；植物性饲料可选择香蕉、葡萄等；也可选择配合饲料投喂。投喂方法：以动物性饲料为主，植物性饲料、配合饲料为辅。小鱼、小虾、螺肉、蚌肉等可直接投喂而不用切碎。每天投喂1～2次。其他要求与幼龟饲养的相同。

④日常管理：与稚龟饲养的要求相同。

(7) 亲龟饲养　选作繁殖用的亲龟应有5冬龄以上，个体较大，体形完整健壮，外壳色泽明亮，无伤残或畸形。人工驯养繁殖的亲龟由于食物丰富、营养充足，产卵量、孵化率及稚龟成活率都比野生龟显著提高。留种雌龟个体要在850克以上，雄龟不能小于900克，雌龟腹甲平滑，雄龟腹甲凹形，雄龟以体形较长，尾柄粗壮、完整为好。

广西拟水龟喜欢群居，亲龟养殖密度可以相对大一些，有些养殖池亲龟密度为20只/米^{2}也不会影响其产卵率和受精率。为了更好地让亲龟交配产卵，亲龟池应选不同商品龟养殖水池。可因地制宜地做成各种形状、大小的水池，四周池壁用单砖砌成50厘米的高墙，墙顶部向内伸出半块砖作为防逃檐，水池底部向排水孔处倾斜，坡度可做成20°～25°，池水最深部分在25厘米左右，不应少于20厘米，若水位过浅不利于亲龟交配。深水部分应占全池的2/3左右，最好在排水孔上方26厘米处留溢流管口。在池角留出产卵场，产卵场面积按每只亲龟0.05～0.10米^{2}留取。产卵场可设在岸边或池水之上，产卵池底应高出水面5厘米以上，防止池水过满浸入产卵池，浸坏龟卵。产卵池上放厚为20厘米的细沙，以便亲龟爬上产卵池休息或产卵。如果在阳台或屋顶做亲龟池，产卵场上方要盖顶，防止雨水淋湿龟卵，影响孵化率。在水池一端岸边做高出水面5厘米的斜形食台，将食物放在岸边食台，方便龟在水中取食。亲龟池夏天要注意遮阳，防止太阳直晒，水温长时间超过33℃会热坏亲龟。水温超过38℃3小时会使亲龟死亡。池底部及池边四周应用水泥砂浆抹平，再抹一层纯水泥浆用于平滑，防止龟池渗水及擦伤龟壳。新建水池要用清水反复浸洗，防止池中水泥的碱性损伤亲龟皮肤及外壳盾片。为了节约用水，可以在斜形食台与水池之间做一个30～35厘米宽的V形沟，让龟爬进V形沟内采食，沟底部装排水孔，待龟食完后只排掉V形沟里的水即可，水池的水可以第三天再换。每天只要在喂食前放满V形沟的水就行了。广西拟水龟繁殖池结构如彩图69、彩图70和图3-18所示。

(8) 病害防治　一般从龟的体态、活动、皮肤、可视黏膜、粪便等方面入手，来诊断龟是否患病。

①体态：从龟的头部、四肢、甲壳等外部观察来分析龟的营养状况、发育状况、精神状况，确定龟是否患病。

图 3-18　广西拟水龟繁殖池结构

②活动：通过对龟的爬行、游动来分析龟的健康状况以及四肢、头部、颈部病变。

③皮肤：对皮肤的观察，除了发现体表病变外，还可以了解内脏器官的机能状态。例如，皮肤呈水肿样，可能为肾机能患病；皮肤出现红色斑点，可能是患炭疽病或败血病；皮肤肿胀，可能是皮下水肿、脓肿或脂肪瘤；皮肤疱疹，可能是由传染病、皮肤病及过敏反应等引起。皮肤表面鳞片常自行脱落，可能是营养代谢障碍疾病。

④可视黏膜：检查可视黏膜除能反映黏膜局部变化外，还有助于了解龟全身血液循环情况。例如，检查到眼结膜发炎、口鼻黏膜分泌物，可能是由白眼病引起的肺炎并发症；口腔黏膜发白，黏液过多，并挂于喙外端，可能是咽炎、肺炎或急性败血症；鼻腔中有浑浊黏液，张口呼吸，可能是感冒或支气管炎症。

⑤粪便：通过粪便检查可知龟肠胃情况，拉稀可能是急性肠炎或肠内寄生虫病。

预防疾病的方法：加强饲养管理，保持良好水质，及时合理分养，定期对养殖池和龟体消毒。常见病害的治疗方法见表 3-3 所示。

表 3-3 广西拟水龟常见病害及治疗方法

疾病名称	症　状	治疗方法	休药期
肠胃炎	行动迟缓，食欲减退，粪便稀烂不成形，有黏液或脓血	每千克龟用土霉素 50～100 毫克拌饵投喂，连续 3～5 天	大于 20 天
肺炎	嘴角、鼻子有黏液，龟瞌睡，头高举、口鼻喘息，前、后腿虚弱	隔离，提高饲养池内的温度至 30℃左右。将庆大霉素按 1∶20 的比例兑入水内浸泡 5 小时，2 次/天	
白眼病	眼部发炎充血，眼睛肿大，眼角膜和鼻黏膜糜烂，眼球外表被白色分泌物盖住	每立方米水体用硫酸链霉素 1 000万～2 000万国际单位浸泡 12 小时，连用 3～5 天	
腐皮病	颈部、四肢、尾部皮肤坏死、糜烂、溃疡	每天用季铵盐碘 0.2 毫克/升浸泡 8 小时，连用 3～5 天	
疖疮病	颈部、四肢长有疖疮，食欲减退、消瘦，头很难缩回	每天用季铵盐碘 0.2 毫克/升浸泡 5 小时，连用 3～5 天	
烂甲病	甲壳的表面溃烂，严重者形成洞穴或见肌肉，绝食或少食	将病龟的烂处剔除，用过氧化氢擦洗患处，用高锰酸甲结晶粉直接涂抹患处，然后隔离单养	
水霉病	颈部、四肢着生白色絮状物，烦躁不安，食欲减退、消瘦	3%的食盐水浸浴 10～20 分钟，2 次/天，连用 3～5 天	
纤毛虫病	颈部、四肢基部着生纤毛状物	用 20 毫克/升高锰酸钾溶液浸泡 20～30 分钟，每天 2 次，连用 3～5 天	
肺呛水	颈部肥肿，四肢无力，无伸缩能力；皮肤呈淡黄色，似水泡状。呛水时间长，捞上后可见张嘴串气动作	将病龟四肢挤压入壳内排挤体内积水，拉动头和四肢数次做伸压动作，做人工呼吸，然后将龟放于安静温暖处自然恢复	

第七节 安 南 龟

安南龟（*Annamemys annamensis*），也称安南叶龟。分类学上属于脊索动物门，脊椎动物亚门，爬行纲，龟鳖目，潮龟科，安南龟属。主要分布在越南中部地区。20 世纪 70 年代引进我国，已形成养殖种群，主要分布在广西、广东和海南等省份。

一、安南龟生物学特性

1. 安南龟形态特征

龟身整体呈椭圆形，头顶部无鳞，具有倒 V 形黄色头线，眼后也具有灰白色头线。背部有 3 条呈“川”字状背棱，中间长，两边短。腹部前部有 2 个“米”字状点，腹甲有对称黑斑。雌、雄外观区别：雌龟身形圆宽，雄龟身形修长；雌龟尾巴细短，雄龟尾巴粗长；雌龟生殖孔细小，离腹甲边缘近，雄龟生殖孔宽大，离腹甲边缘远；成熟的雄龟，中间有小凹槽，雌龟平坦，如彩图 71、彩图 72 和图 3-19 所示。

图 3-19　安南龟背腹面外观形态

a. 背面观（左为雄龟，右为雌龟）　b. 腹面观（左为雄龟，右为雌龟）

2. 生活习性

野生安南龟喜生活于浅水小溪、水潭及沼泽地中，人工饲养下喜群居，有爬背习性，自下而上，由小到大排列。

3. 食性

杂食性，偏肉食性，以鱼、虾、螺、蝌蚪、昆虫等动物为主，以瓜、果、植物嫩叶为辅。人工养殖以新鲜鱼、虾和优质配合饲料为主，葡萄、苹果、瓜、西红柿、青菜为辅。

4. 冬眠习性

安南龟的生长适宜温度为 20～35℃，最适温度为 27～32℃。15℃以下时开始冬眠，低于 3℃时有死亡风险。高于 35℃时容易中暑死亡。

5. 繁殖习性

性成熟体重雄龟在750克以上，雌龟在1 250克以上；性成熟年龄，雄龟7龄以上，雌龟8龄以上；受精方式为自然交配、体内受精；在广东和广西地区，每年5—7月是产卵期。产卵时在沙场上挖窝产卵。每年产卵1～2次，每次2～3枚。

二、安南龟繁殖技术

参照广西拟水龟繁殖技术。种龟池建设如彩图73、彩图74所示。

三、安南龟苗种培育技术

1. 培育池条件

水泥池，用红砖砌建，单砖墙，批防水灰后贴瓷砖。长方形，高0.5米，面积3～20米^2。配进、排水管，滤沙池。配套部分绿化如图3-20所示。

图3-20　安南龟养殖池

2. 放养前准备

水泥池提前30天放水30厘米泡池，每6天换水1次。放苗的

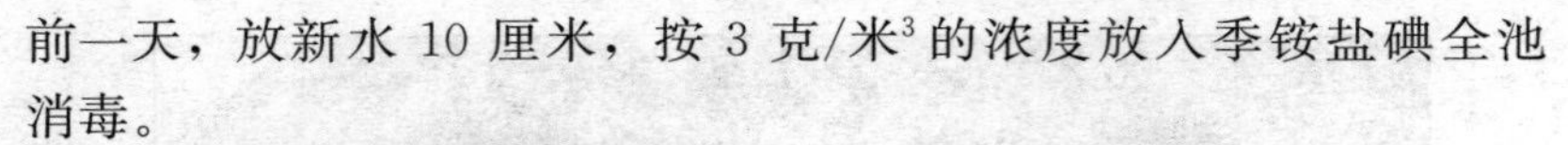

前一天，放新水 10 厘米，按 3 克/米^{3}的浓度放入季铵盐碘全池消毒。

3. 苗种选择与运输

(1) 龟苗的选择　体重 20 克以上。体型、体色正常，无伤残，活动灵敏。

(2) 运输注意事项　凭证合法运输。运输温度在 30℃左右。采用湿法运输。

4. 苗种放养

(1) 消毒　到达目的地后在阴凉处放置 30 分钟后再消毒 15 分钟，每千克水用季铵盐碘 1 克。稚龟外观如彩图 75、彩图 76 所示。

(2) 入池　消毒 15 分钟后将龟捞出，放入龟池。

(3) 密度　不超过 20 只/米^2。

5. 日常管理

(1) 饲料投喂　按龟体重的 8%计算投喂量，每天分早、晚 2 次投喂。

(2) 水质管理　投喂前放掉旧水，清洗干净后放入新水，再投喂。早、晚各 1 次。换水洗池要注意温差不能超过 3℃。

(3) 病害防治　选择健康的种苗、使用优质的饲料、进行科学的水质管理、适当加喂健胃维生素等，就是最好的病害防治技术。

四、安南龟成龟养殖技术

从 250 克左右培育到1 500克左右，属于成龟养殖阶段。

1. 庭院养殖

(1) 场地选择　屋前或屋后的院子里。

(2) 养殖池建设　建造水泥养殖池，红色单砖墙，高 50 厘米，批放水灰后再贴瓷砖。长方形，配进、排水系统和绿化植物等，如彩图 73、彩图 74 和图 3-21 所示。

(3) 放养前准备　提前 30 天放入 30 厘米水浸泡，每 6 天换水 1 次。放养的前一天放水清洗，干净后放入自来水，水位为 15 厘米。

图 3-21 安南龟庭院养殖池

(4) 苗种放养 放入 250 克以上的种龟，放养密度不超过 5 只/米^2。

(5) 日常管理 同种苗培育。

2. 室内养殖

(1) 选址 露台、阳台、空闲房间。

(2) 养殖池建设 同庭院养殖。

(3) 放养前准备 同庭院养殖。

(4) 苗种放养 同庭院养殖。

(5) 日常管理 同庭院养殖。

第八节 亚洲巨龟

亚洲巨龟（*Heosemys grandis*），俗名黄山龟，隶属于脊索动物门，脊椎动物亚门，爬行纲，龟鳖目，地龟科，东方龟属，主要分布在柬埔寨至越南海拔 400 米以下的河流、沼泽及稻田，也分布在老挝、马来西亚、缅甸及泰国。20 世纪 80 年代引进我国，现已形成养殖种群，主要分布在广西、广东、海南等省份。

一、亚洲巨龟生物学特性

1. 形态特征

亚洲巨龟外表呈椭圆形，背甲棕色，中央嵴棱明显，背甲后缘呈锯齿状；腹甲淡黄色，具放射状花纹；头部棕色，具橘红色碎小斑点；四肢棕色，具鳞片，指、趾间发达。雄龟腹部凹陷，尾部长而粗；雌龟腹部扁平，尾部短而细。亚洲巨龟成体外观形态如彩图77、彩图78和图3-22所示。

图3-22　亚洲巨龟成龟的外观形态

2. 生活习性

亚洲巨龟是硬壳、水陆两栖的亚洲水龟中体型较大的一个种。野生亚洲巨龟栖息于河流、溪涧、沼泽、湖泊及湿地，喜欢在潮湿的陆地遮掩物下躲藏。人工养殖条件下，亚洲巨龟，尤其是成龟需要大型饲养场所，包括温暖干净的水域和一片陆地。在水中放置树枝沉木，陆地铺设稻草有助于缓解此龟的精神压力。另外，需要注意的是，一旦亚洲巨龟熟悉饲养环境，它们彼此将极富攻击性，雄性将袭击其他同伴，尤其是在发情期。饲养中的龟会主动接受投喂者手中的食物，个别发情个体会突袭投饲者的脚踝或脚趾。

3. 食性

杂食性，以植物性饲料为主。自然界中，此龟大多食素。在饲养过程中，偏向杂食性，喜吃甜瓜、香蕉、芒果、地瓜、木瓜、南瓜和胡萝卜。亚洲巨龟摄食情形如彩图 79、彩图 80 所示。

4. 冬眠习性

当水温降到 20℃以下时停止摄食，温度低于 15℃时即进入冬眠。

5. 繁殖习性

发情期的亚洲巨龟极富攻击性，雄性在追逐啄咬雌性后，最终爬上雌性背甲，此过程会持续数小时。一旦骑上雌性，雄性会用爪抓牢雌性背甲并向前倾斜用喙啄咬雌性面颊，以迫使雌性将头缩回壳中。交配往往发生在晚春的雨中，之后雌性的脖颈和背甲往往会留下“爱情”的伤痕。每年产卵 1～3 次，产卵量为 4～8 枚。受精卵在 28～30℃的温度于 160 天左右孵出稚龟。亚洲巨龟的交配形态如彩图 81 所示。

二、亚洲巨龟苗种繁殖技术

1. 亲本的来源和标准

从原产地引进野生品种或从良种场引进苗种培养的成龟，年龄在 6 冬龄以上，雌龟体重要求在 4 千克以上，雄龟要求在 5 千克以上。亲本标记建立家系，保证繁殖交配在不同家系中进行。

外观要求：亚洲巨龟的种质特征明显；个体较大，健壮，体形完整，体表有光泽，无伤、无病，无畸形，体色和体纹无变异；头、四肢伸缩自如，爬行快速；翻转在地时能迅速翻转回来。

2. 亲龟的选择

准确鉴别雌龟和雄龟，性别不明显的亲龟一律淘汰；雄龟和雌龟必须从不同家系中选留，性成熟度尽量相近，亲龟按规格不同分池放养。

3. 亲龟放养

亲龟入池前先用生石灰对亲龟池和食台、产卵场进行全面消毒，亲龟用4%的盐水浸泡10分钟。繁殖池的亲龟不能放养得过多，亲龟放养密度过大则很容易造成池水缺氧，降低受精率和孵化率。亲龟放养密度应根据亲龟个体的大小加以考虑。放养时，雌性亲龟放养密度为1.5只/米^2，雌龟和雄龟比例按3∶1搭配。亚洲巨龟种龟池建设如彩图82、彩图83所示。

4. 日常管理

亚洲巨龟属杂食性动物，种龟喜食黄瓜、红萝卜、番茄、青菜、香蕉、红薯叶等植物以及新鲜海鱼、海虾，日投饲量为亲龟体重的3%～5%；用50%的新鲜海鱼、海虾肉糜，添加40%的熟红薯、蔬菜等搅拌成团，每天投喂1次，以16：30投喂为好，青饲料以大白菜、胡萝卜、南瓜为主，投饲量以投喂后龟在2小时内摄食完为宜。每隔15天检查亲龟1次，根据亲龟的肥满程度、发育情况等随时调整饲料配方和投饲量。

水质通过换水和定期施用生石灰进行调节和管理，每隔1～2天，池塘加注新水10%～15%，每隔20天，施用10毫克/升生石灰1次。水位控制在0.5～0.8米。

5. 亲龟产卵

每年10月至翌年2月为亚洲巨龟产卵期，在营养足够、环境适合的条件下，年产卵1～3次。产卵时间为傍晚时分，上岸产卵；产卵时不要人为走近惊动它。待龟产卵后，要及时收集龟卵。根据产卵场沙土的痕迹，轻轻拨开沙层寻找龟卵，起挖的龟卵需按其在沙土中的朝向轻移至收集盘，盘中的龟卵上下都覆盖上一层湿润的细沙，收挖卵完毕，平整沙地并洒水保湿。

6. 受精卵的鉴别及孵化

卵壳有光泽，产出24小时后中端有明显的、边缘清晰的白色斑的是受精卵。在孵化房泥地上把受精卵的白色斑一端朝上，间隔1～2厘米整齐地平放沙土，再盖上厚约5厘米的经消毒后的木屑或蛭石，标注好标签，注明日期、数量。在采用太阳瓦制造的孵化房中，利用自然光照让孵化房内的温度控制在28～30℃来仿野生孵化。孵化室内的木屑层含水量保持在3%～5%，以手握成形、松开即散为宜。定时洒水并轻轻翻松上层木屑，保持木屑湿度，每20天检查龟卵1次，剔除黏附木屑或发育停止的废卵，防止鼠、蛇、猫、蚂蚁等动物侵害。亚洲巨龟的孵化期较长，在野生环境下需要200多天；在人工养殖条件下，则需160天左右。亚洲巨龟孵化过程受精卵的放置如彩图84所示。

三、亚洲巨龟养殖技术

1. 苗种培育技术

刚出壳的稚龟娇嫩，有的脐带未完全脱落，卵黄囊外露在脐孔处。先用1%的食盐水浸洗稚龟10分钟进行体表消毒。将其放入塑料盘内爬行，等腹甲脐孔闭合后，放入清水，水深以淹过龟背1～2厘米为宜。在盆中央用石块设一饭碗大小的食台，投喂鱼、虾肉糜或50%的鱼、虾、肉糜搭配50%的红薯、蔬菜等，每天早、晚喂1次，培育50天体重达60克左右，可转入幼龟培育阶段。体重60～250克的个体称作幼龟，此阶段一般用较大的托盘或水泥池来培育，托盘或池中央设一直径为15厘米的圆形食台，每平方米可培育50只，培育成活率达90%以上。亚洲巨龟的稚龟和幼龟的外观如彩图85～彩图88所示。

投喂前先换水，用相同温度的水冲洗干净后加入相同温度的水至池水深3厘米左右时开始投喂，2小时后清理残饵，排掉污水，清洗干净后再注入相同温度的新水进行培育。

2. 成龟养殖技术

幼龟养至350克时即可转入池塘放养，实行生态养殖。在放养龟苗的同时放养小鱼、小虾，供幼龟自由捕食以训练它的野性。在养殖过程中不使用任何抗生素和其他人工合成的化学药物；严把饲料关，亚洲巨龟属杂食性动物，成龟喜食黄瓜、红萝卜、番茄、香蕉、红薯叶、青菜等植物以及海鱼、海虾等。仿生态养殖的成本较低，成活率高，生长速度快，适应能力强，养殖3年可达5千克，可作为商品龟上市出售。亚洲巨龟的生态养殖池建设和投喂摄食情况如彩图89、彩图90和图3-23所示。

图 3-23　池塘养殖亚洲巨龟的投喂方式

3. 常见病害防治技术

本书第六章有详细介绍，供读者参考。

第九节　齿缘摄龟

齿缘摄龟（*Cyclemys dentata*），俗名齿缘龟、板龟，隶属于脊索动物门，脊椎动物亚门，爬行纲，龟鳖目，淡水龟科，齿缘龟属。我国产于广西、云南，国外在东南亚国家有分布。

一、齿缘摄龟生物学特性

1. 形态特征

扁椭圆形，成体背甲长 20～24 厘米。体重 0.7～2.5 千克。幼体长宽几乎相等，成体长大于宽；幼体背中央脊棱极明显，随年龄增长而不明显；背甲后缘锯齿状，幼体尤为显著。腹甲较窄，前端平切或圆出，后端有3处缺凹，胸盾和腹盾、背甲和腹甲之间有韧带连接。腹甲全为黑色，腹甲每一盾片上隐约可见放射状花纹，背甲一般为棕褐色，盾片的放射纹往往不清晰。头、颈、四肢大多为红色，也有黄色或白色。雄龟尾粗长，泄殖腔距背甲后部边缘较远；雌龟尾细短，泄殖腔距背甲后部边缘较近。齿缘摄龟外观形态如彩图91、彩图92和图3-24所示。

图3-24 齿缘摄龟的背面观和腹面观（左为背面，右为腹面）

2. 生活习性

齿缘摄龟属于水陆两栖龟类，但水位以刚过背为适宜，无晒背习性。最适生长温度为25～30℃，低于17℃时则冬眠，高于35℃时则夏眠。在天然条件下，以杂食性为主，加上每年有近5个月的冬眠期，故生长缓慢：1冬龄30克，5冬龄以上才能达600克。而在人工控温的养殖条件下，打破其冬眠习性，以投喂肉食性饲料为主，营养全面均衡，生长很快：1冬龄可达500克左右，部分达1 800克，2冬龄能达1 200克，3冬龄大多达1 500克以上。

3. 食性

杂食性偏植物性，喜食红薯藤、香蕉、瓜、果、鱼、虾等。

4. 冬眠习性

当气温下降到18℃以下时，龟进入冬眠状态。

5. 繁殖习性

在自然条件下，齿缘摄龟性成熟年龄为5冬龄以上。每年4—8月为产卵期，年产卵1～2次，每次1～3枚。卵呈长椭圆形，中间有一白色环状带的是受精卵，可以用来孵化。卵重为40～50克。

二、齿缘摄龟人工繁殖技术

1. 亲龟池的建造

亲龟池一般为长方形，面积为5～20米^2，亲龟放养密度为3～5只/米^2，每20只亲龟配1米^{2}的产卵场。池高一般为0.8米，在30厘米处留水位口，以保持水位在0.3米以下。配备进、排水系统。在池的中央，每20只亲龟做一个0.1米^{2}的食台。亲龟池建在室外的，一般用砖砌墙，表面贴瓷砖，池子四周种植苗木，产卵场上方加盖遮阳板，如彩图93、彩图94所示。建在室内的，一般用聚氯乙烯（PVC）板或铝板焊接做成。

2. 亲龟的选留

从健康的野生龟中选留，要求体重在800克以上，无伤残，雄龟和雌龟比例为1∶4。也可从野生龟做亲本的子一代的健康商品龟中选留，要求年龄在6冬龄以上、体重在1 000克以上，无伤残。雄龟和雌龟必须从不同种群中选留，比例是1∶4。

3. 亲龟入池

亲龟入池前先用碘类消毒剂对亲龟池和食台、产卵场进行全面消毒，浓度是5克/米^3。亲龟用3%食盐水浸泡10分钟，再用浓度为10克/米^{3}的高锰酸钾溶液浸泡消毒10分钟后放入池中饲养。

4. 饲料的选配与投喂

用20%的粉状甲鱼配合饲料搭配30%的鱼、虾肉糜及49%的青饲料，另外添加1%的甲鱼多维或多糖健壮素等搅拌成团。亦可用4号膨化颗粒乌龟专用料，放入甲鱼多维水中浸泡10分钟。按以上方法准备饲料，按龟体重的1%确定1天的投喂量，每天1次。

5. 产卵

每年的4—8月是亲龟产卵期，在营养足够、环境适合的情况下，每只雌龟每年可产卵2～6枚，受精率可达90%以上。

6. 收卵孵化

每天08：00左右到产卵沙场翻沙收卵。龟卵中间有一明显白带（圈）的为受精卵，否则是未受精卵。将受精卵成排横放在孵化托中孵化。孵化托可用木板钉做而成或直接用塑料托、泡沫箱。托内放入厚为6厘米的孵化介质（蛭石或河沙），注意喷水保持介质的相对湿度为80%（手抓成团，松开即散，宁干勿过湿）。单层孵化。可采用自然温度孵化或人工控温孵化。人工控温孵化温度可恒定在30℃。温度过高、过低、湿度过高等都易造成胚胎发育不良或死胎。

7. 稚龟出壳

环境温度为28～30℃，孵化90天左右可出壳。齿缘摄龟稚龟形态如彩图95、彩图96所示。

三、齿缘摄龟苗种培育技术

1. 稚龟培育

体重50克以内的个体称为稚龟。此阶段一般在直径为60厘米的塑料盆内培育。每盆可育30只左右。水位3厘米左右，在盆中央用石块设一饭碗般大小的小食台。饲料为粉状甲鱼配合饲料或鱼、虾碎肉，或50%的鱼、虾碎肉搭配49%的粉状甲鱼配合饲料，另外添加1%的甲鱼多维、多糖健壮素等。每天早、晚喂1次，培育60天体重达50克左右，可转入幼龟培育阶段。

2. 幼龟培育

体重50～250克的个体称作幼龟。此阶段一般用较大的托或水泥池来培育。托、池中央设一直径为15厘米的圆形食台。每平方米可培育50只左右。饲料配方和投喂方法同稚龟培育。

3. 水质管理

投喂前先换水，用相同温度的水冲洗干净后加入相同温度的水至池水深3厘米左右即开始投喂，2小时后清理残饵，排掉污水，清洗干净后再注入相同温度的新水进行培育。

四、齿缘摄龟养殖技术

1. 成龟池的建造

室外水泥池除了不配产卵沙场，其他与亲龟池一样。室内的用PVC板或铝板焊接制作，按室内情况可做成多层的养殖箱，配备进、排水系统，照明，控温和食台等设施。

2. 龟种入池

用浓度为10克/米^{3}的高锰酸钾溶液消毒10分钟后放入成龟池饲养。

3. 饲料的选配

成龟饲料配方：80%的新鲜鱼、虾肉糜（经绞肉机绞碎）搭配19%的粉状甲鱼配合饲料，添加1%的甲鱼多维、多糖健壮素等。

4. 投喂技术

按以上配方，按龟总体重的3%确定1天的投喂量，每天1次，以18：00投喂为好。

5. 水质管理

及时清理残饵，排掉污水，清洗干净后再注入相同温度的新水进行养殖。

五、常见病害防治技术

本书第六章有详细介绍，供读者参考。

六、野生齿缘摄龟驯养的关键技术

目前，齿缘摄龟刚引起业内人士重视，养殖所需的亲龟和种苗大多来源于野生，驯化方法不当会引起大批死亡，据笔者经验，驯化的关键技术如下。

1. 选购要求

从同批龟中选购外表无伤残、头脚伸缩自如、爬行快速、倒放地上时能迅速翻回的龟。这样可以极大减少买到内有钓钩、内伤严重、被注水、患有应激性疾病等根本养不活的龟的概率。

2. 龟体处理

野生龟身上一般寄生有如蚂蟥等寄生虫，入池前先用3%的食盐水浸泡30分钟，再用0.7毫克/升的硫酸铜溶液浸洗20～30分钟，水蛭会脱落死亡。

3. 驯养环境要求

齿缘龟属于水陆两栖龟类，养殖的环境中，有水部分要达2/3以上，水位以刚过背为适合。如在室外养殖，每3天换水1次，如在室内养殖，每天至少换水1次。

4. 驯养温度要求

目前养殖所需齿缘摄龟，大多来自东南亚国家，那里温度较高,故购回的亲龟都要做好防寒保暖工作，使养殖环境的温度达到25℃以上。如长期处于低温（低于17℃）时会造成大批死亡。

5. 驯养投喂要求

温度达20℃以上时开始摄食，以28℃为最佳。投喂的前3天，先用浓度为10克/米^{3}的土霉素浸泡3天。每天换水、换药1次。到投喂时，每千克饲料添加2克甲鱼多维、2克维生素K_3、1克氟苯尼考，连续10～15天。

6. 驯养时间

能正常投喂摄食达60天以上，即算驯化成功。

第十节　黄头庙龟

黄头庙龟（*Hieremys annandalei*），俗名庙龟、黄头龟、黑山龟，隶属于脊索动物门，脊椎动物亚门，爬行纲，龟鳖目，地龟科，东方龟属，主要分布于泰国、柬埔寨、马来西亚，20世纪70年代引进我国，目前形成了一定的养殖种群，主要分布广西、广东和海南等省份。

一、黄头庙龟生物学特性

1. 形态特征

黄头庙龟头较小，顶部呈黑色，散布有黄色小杂斑点，吻部较尖，眼眶黑色有黄色碎斑点，上颌中央呈 W 形。头侧部无纵条纹。背甲隆起较高，呈黑色，腹甲淡黄色，四肢黑褐色，指、趾间具蹼，尾适中。雄性体形长，腹甲中央凹陷，尾粗且长；雌性体形稍短，背甲隆起较高，腹甲平坦，肛孔距腹甲后边缘较近，尾短，其外形见彩图 97～彩图 100 和图 3-25 所示。

图 3-25　黄头庙龟外观形态（左为雄龟，右为雌龟）

2. 生活习性

生活于江湖、溪流。能短时间生活于海水中。白天喜欢群体堆积在一起，夜间喜欢泡在水中。多数时间将头缩入壳内，傍晚或夜间爬动较多，受惊后会发出“呼”的喘息声。

3. 食性

杂食性偏植物性，偏爱吃瓜果、蔬菜，特别是红薯藤、南瓜、木瓜，偶尔也吃鱼、虾等动物性饲料。

4. 冬眠习性

当气温下降到 18℃以下时，开始不吃不喝进入冬眠。

5. 繁殖习性

性成熟的个体在水中交配，卵产在岸上的沙土中。

二、黄头庙龟人工繁殖技术

1. 亲龟池的建造

亲龟池必须建在室外。亲龟池形状没有特别要求，一般为长方形，面积5～800米^{2}均可，亲龟放养密度为1～2只/米^2，每2只雌龟配1米^{2}的产卵场。亲龟池要配备进、排水系统。池高一般为0.8米，在50厘米处留水位口，以保持水位在0.5米以下。在池的一侧斜坡上，按每20只亲龟做一个2米^{2}的食台。一般用砖砌墙，表面贴瓷砖，池子四周种植苗木，产卵场上方加盖遮阳挡雨板，如彩图101、彩图102所示。

2. 亲龟的选留

从健康的野生龟中选留，要求体重在8千克以上，无伤残，雄龟和雌龟比例为1∶3。也可从野生龟做亲本的子一代的健康商品龟中选留，要求年龄在6冬龄以上、体重在5千克以上，无畸形、无伤残，雄龟和雌龟必须从不同种群中选留，避免近亲繁殖。

3. 亲龟入池

亲龟入池前先用碘类消毒剂对亲龟池和食台、产卵场进行全面消毒，浓度是5克/米^3。亲龟用3%的食盐水浸泡10分钟，后用0.7毫克/升的硫酸铜溶液浸洗20～30分钟，以杀灭水蛭等寄生虫。再用浓度为10克/米^{3}的高锰酸钾溶液浸泡消毒15分钟后放入池中饲养。养殖过程勤换水，同时用毛刷擦拭龟体，以防范体外寄生虫滋生。黄头庙龟种龟水中活动情形如彩图103所示，在水中交配情形如彩图104所示。

4. 饲料的选配与投喂

可直接投喂瓜果、蔬菜，但每隔3天用9%的粉状甲鱼配合饲料搭配90%的新鲜蔬菜、碎瓜果，再添加1%的甲鱼多维或多糖健壮素等搅拌成团投喂，以补充蛋白质和微量元素。按以上方法准备饲料，按龟体重的3%确定1天的投喂量，每天1次，以18：00投喂为好。

5. 产卵

每年的4—8月是亲龟产卵期，在营养足够、环境适合的情况下，每只雌龟每年可产卵10～20枚，受精率可达70%以上。

6. 收卵孵化

每天08：00左右到产卵沙场翻沙收卵。龟卵产出24小时后卵的中间有一明显白斑的为受精卵。将受精卵成排横放在孵化箱中孵化。孵化箱可用木板钉成或直接用塑料托。托内放入6厘米厚的孵化介质（蛭石或河沙），经常喷水保持介质的相对湿度为80%（手抓成团，松开即散，宁干勿过湿）。单层孵化。可采用自然温度孵化或人工控温孵化。人工控温孵化温度可恒定在30℃。

7. 稚龟出壳

环境温度为28～30℃，孵化90天左右可出壳。黄头庙龟稚龟外观形态如彩图105、彩图106所示。

三、黄头庙龟苗种培育技术

1. 稚龟培育

体重50克以内的个体称为稚龟。此阶段一般在直径为60厘米的塑料盆内或方形的塑料箱中培育。每盆可培育20～30只。水位以刚没过背甲为准，在盆中央用石块设一饭碗般大小的小食台。饲料为50%蔬菜、瓜果搭配49%的粉状甲鱼配合饲料，另外添加1%的甲鱼多维、多糖健壮素等。每天早、晚各投喂1次，培育40天体重达50克以上，可转入幼龟培育阶段。

2. 幼龟培育

体重50～250克的个体称作幼龟。此阶段可移入水泥池培育。每平方米可培育50只左右。饲料配方和投喂方法与稚龟基本相同，但从此阶段起可适当加大植物性饲料的比例。

3. 水质管理

投喂前先换水，用相同温度的水冲洗干净后，加入相加同温度的水至没过龟背面即开始投喂，2小时后清理残饵，排掉污水，清洗干净后再注入相同温度的新水进行培育。

四、黄头庙龟养殖技术

1. 成龟池的建造

养殖池除了不配产卵沙场外，其他与亲龟池一样。池四周种植果树或瓜果、藤蔓类植物。

2. 龟种入池

用浓度为 10 克/米^{3}的高锰酸钾溶液消毒 10 分钟后放入成龟池饲养。

3. 饲料的选配与投喂

成龟饲料配方：直接投喂蔬菜、瓜果，每隔 3 天用 80%的新鲜蔬菜、碎瓜果搭配 19%的粉状甲鱼配合饲料，添加 1%的甲鱼多维、多糖健壮素等拌成团状。按龟总体重的 3%确定 1 天的投喂量，每天 1 次，以 18：00 投喂为好。

4. 水质管理

及时清理残饵，排掉污水，清洗干净后再注入相同温度的新水进行养殖。

五、常见病害防治技术

本书第六章有详细介绍，供读者参考。

六、黄头庙龟驯化的关键技术

目前，黄头庙龟种源多为野生捕获，驯化方法不当会引起大批死亡，据笔者经验，驯化的关键技术如下。

1. 选购要求

从同批龟中选购外表无伤残、头脚伸缩自如、爬行快速的龟。用金属探测仪检查体内有否钓钩，这样可以大大减少买到内有钓钩、内伤严重、被注水、患有应激性疾病等根本养不活的龟的概率。

2. 龟体处理

野生龟身上一般寄生有如蚂蟥等寄生虫，入池前先用 3%的食盐水浸泡 30 分钟，再用用 0.7 毫克/升的硫酸铜溶液浸洗 20～30 分钟，水蛭会脱落死亡。

3. 驯养环境要求

黄头庙龟属于水陆两栖龟类，养殖的环境中，陆地部分要达 2/3 以上，配套水池水位以刚过龟背为宜。养殖池宜建在室外，每 2 天换水 1 次。

4. 驯养投喂要求

温度达 20℃以上时开始摄食，以 28℃为最佳。投喂之前 3 天，每天要用浓度为 10 克/米^{3}的土霉素浸泡，连续 3 天，每天换水、换药 1 次。以植物性饲料为主，特别是要投喂一种被称为滴水观音的植物。

5. 驯养时间

能正常投喂摄食达 30 天以上，即算驯化成功。

第四章　名优龟类养殖实例

第一节　三线闭壳龟养殖实例

一、养殖实例基本信息

广西金斛发农业科技有限公司位于广西壮族自治区南宁市。南宁市位于北回归线南侧，属湿润的亚热带季风气候，阳光充足，雨量充沛，霜少无雪，气候温和，夏长冬短，年平均气温在21.6℃左右。冬季最冷的1月平均气温为12.8℃，夏季最热的7月和8月平均气温为28.2℃。多年平均降水量在1 241～1 753毫米，南宁市区为1 310毫米，平均相对湿度为79%，气候特点是湿润、炎热，雨量充沛。相对而言，一般是夏季潮湿，而冬季稍显干燥，干湿季节分明。夏天比冬天长得多，炎热时间较长。春、秋两季气候温和，集中的雨季是在夏天。南宁一年四季绿树成荫，繁花似锦，物产丰富。这种气候环境非常适合龟类生长繁殖。

该公司董事长尹炳坤先生是第一批三线闭壳龟繁育的开拓者和探险者，现拥有3个室外养殖场，面积约为5 000米^2，庭院中小养殖点8个，在自我探索以及和外界的交流下，形成了一套独特的生态养殖方法，现在年产三线闭壳龟龟苗过1 000只，该公司已在全国形成一定影响力。

二、放养与收获情况

2012年7月在面积为2米^{2}的水池中放养平均体重为15克的三线闭壳龟苗100只；2014年7月收获平均体重为0.9千克的三线闭壳龟成龟99只，养殖成活率为99%。尹炳坤先生养殖三线闭壳龟的设施见图4-1所示。

图 4-1　尹炳坤先生养殖三线闭壳龟的设施

三、养殖效益分析

养殖总成本为 240.3 万元，其中场地费 0 元，龟苗费 230 万元，饲料费 2 万元，渔药费 0.5 万元，人工费 4.8 万元，水、电费 2 万元，其他费用 1 万元。2014 年 7 月收获 99 只龟，平均体重为 0.9 千克，总产量为 89.1 千克，每千克售价为 50 000 元，总产值达 445.5 万元。扣除养殖成本，总利润为 205.2 万元，获得了显著的经济效益。

四、经验和心得

1. 养殖环境

(1) 建设环境 环境安静，远离闹市区；阳光充足，周边无工厂污染源；水源清洁，溶氧量高。

(2) 龟池条件 进、排水方便，环境安静，避风向阳，防旱、防涝、防逃、防盗、防鼠害。室外养殖池面积为3～10米^2/口，池底比较平坦，无渗漏且进、排水方便，水源好且常年供应充足，可控水位在20厘米左右。室内养殖只需要1～3米^{2}的养殖池或养殖箱即可。在养殖池四周种植各种绿化植物。

2. 龟苗放养

(1) 严格挑选龟苗 挑选品相符合品种特征，且外观无畸形、无伤残，体质健壮，被握在掌中时苗四肢挣扎力强，背面朝地时能及时翻转的龟苗。

(2) 入池前消毒 用3%的食盐水浸泡消毒15分钟。

3. 日常管理

(1) 饲料投喂 每天投喂1次，在20：00投喂。

(2) 水质调节 保持水质清洁。每次投喂完后2小时换水，保持水质干净，减少氨气对龟呼吸道的影响。

(3) 病害预防 每个月用20毫克/升的高锰酸钾溶液浸洗养殖池10分钟消毒。换水时温差尽量不要超过3℃，以免由于温差引起龟感冒；投喂新鲜的鱼、虾。

(4) 越冬管理 保持水位，经常检测水温，当水温低于10℃时要给养殖池加盖保温薄膜。如果是第一年的龟苗，可以放入保温培育箱中保持28～30℃饲养到翌年5月。

4. 养殖心得体会

①三线闭壳龟要注意饲料投喂管理，主要以投喂鲜活的鱼、虾为主，投喂前要将鱼、虾去掉内脏清洗干净，并剪掉鱼鳍和虾枪等硬刺，每隔4～5天投喂1次香蕉或者葡萄。日投喂量为龟体重的6%。

②注意调节水质，室外养殖过程保持水体水色为嫩绿色。如果

是室内高密度养殖要勤换水，以免由于食物残留和排泄物发酵引起水质偏酸，造成氨气中毒。

③早、晚巡池观察龟活动状况，发现问题及时处理。

④做好养殖记录，定期分析对比记录数据，了解龟的生长情况。

⑤养殖过程遇到的龟病问题，及时向有经验的专家请教，帮助检查诊断，找出发病原因，对症下药，切勿滥用药物。

总的来讲，三线闭壳龟不但适合家庭养殖，还适应室外生态养殖，养殖技术易掌握，对养殖场地条件要求不严格，喂养管理劳动强度低，抗病力强，市场价格波动不大，经济价值高，养殖效益显著，是社会投资的新亮点。开展三线闭壳龟养殖，不但能对这个物种起到积极保护作用，还对个人的财富起到保值增值的作用，真可谓“家有金钱龟，财富自然归”，养殖三线闭壳龟确实是具备一定经济实力人士的较好投资之一。

第二节 金头闭壳龟养殖实例

一、养殖实例基本信息

金头闭壳龟是我国特有的珍稀龟种，自然分布于长江下游的皖南地区，栖息于丘陵地带的山沟或水质较清澈的池塘内。金头闭壳龟以动物性饲料为主，兼食少量植物性饲料，需冬眠，产卵期为6月底到8月。创建于1972年的扬州毕善龟水产养殖公司，是国内、外知名的各种珍稀龟养殖基地，是中国中央电视台《科技苑》《致富经》栏目特约特种龟养殖拍摄基地。多年来，扬州毕善龟水产养殖公司致力于珍稀龟培育和养殖，多个自繁自育的珍稀龟种及养殖方法填补国内空白。目前，该公司金头闭壳龟养殖专区占地1 000米^{2}有余，年产数十只金头闭壳色龟苗。

扬州市地处江苏省中部，长江、淮河下游，位于北纬31°56′—33°25′、东经119°01′—119°54′之间，属于北亚热带湿润气候区，四季分明，气候温和，日照充足，雨量丰沛，年平均气温为14.8～15.8℃，冬季1月平均气温达到2.5℃。春季4月的平均气温为

15.4℃。夏季7月的平均气温为28.0℃，秋季10月的平均气温为17.5℃。年降水量为961～1 048毫米，年日照时数为1 896～2 182小时，光、热、水三要素时空配置较为协调，生物物种资源丰富，生态环境较好，适宜人居。该公司金头闭壳龟的繁殖和养殖车间如图4-2所示。

图4-2　扬州毕善龟水产养殖公司的金头闭壳龟繁殖和养殖车间

二、繁育情况

2002年9月5日，扬州毕善龟水产养殖公司孵化出第一只重8克的金头闭壳龟龟苗，从此开始了金头闭壳龟的繁育、研究和探索，每年培育出数十只金头闭壳龟龟苗，成活率达95%以上。繁育的金头闭壳龟头部、颈部呈金黄色，背甲黑褐色，隆起而脊部较平，中线有一明显脊棱。腹甲黄色，左右盾片均有基本对称的大黑斑，其前、后腹甲以韧带相连，可完全闭合。

三、养殖方法

1. 自然法养殖

指模拟自然环境，少放稀养，多投天然饲料，少投人工配合饲

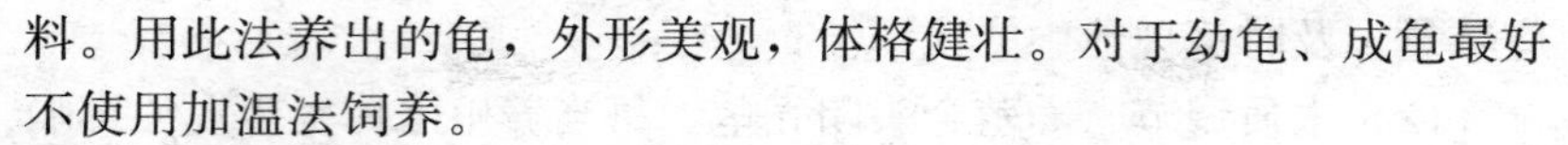

料。用此法养出的龟，外形美观，体格健壮。对于幼龟、成龟最好不使用加温法饲养。

2. 恒温孵化

在条件许可的情况下，购买恒温器孵化。

3. 龟苗恒温饲养

龟属变温动物，其体温会随着环境温度的变化而变化，在人工养殖的条件下，采取加温养殖可使金头闭壳龟龟苗在冬天也能正常摄食和生长，减少了损失。当外界气温、水温下降到25℃时，开始采用加温方式，提高并保持水温在28～30℃。

四、经验和心得

金头闭壳龟与大多数龟类一样，喜静怕惊，喜洁怕脏，喜暖怕寒，喜阳怕风。在自然气候条件下，金头闭壳龟每年冬眠期为6～7个月，冬眠期间只要将其移入室内，环境温度高于0℃，低于10℃，便可安然越冬，所以饲养十分简便，无需任何加热设备。

1. 养殖环境

要求具备一定的光、热、水、土、气等自然环境条件，只有满足这些条件，动物才能生长得更好。养殖的规模可根据各自的财力或物力而定，饲养可在院内、阳台、屋内等地方。养殖的容器可用水池、水族箱、塑料盆等。水源为河水、井水以及经曝晒过2天的自来水。池内分3个部分，一是龟产卵的场所，二是龟觅食的场所，三是龟嬉戏的场所。

2. 龟苗放养

购买金头闭壳龟龟苗要注意形体完整，以无畸形、无病、无伤、健康活泼、体重在8克以上者为好。养殖者要按照金头闭壳龟的习性以及对温度、饲料的要求来饲养，一般来说很容易成功。

3. 日常管理

(1) 饲料投喂　每天投喂1次，以动物性饲料为主，植物性饲料为辅，动物性饲料如小的鱼、虾、虫等。植物性饲料如谷类、瓜果、蔬菜，一般以投喂后半小时吃完为标准，如当餐吃不完，下餐应减量。及时清理池中的残饵。

(2) 水质调节 养殖金头闭壳龟，每当养殖水体发生混浊影响观赏时，应及时换水。新水水温必须与原来池中的水温一样，同时要符合养殖用水的要求，换水量以原池水的1/2为好。

(3) 病害防治 龟池定期消毒，以每个月消毒1次为宜。

4. 越冬管理

应将金头闭壳龟放进室内越冬，池内放入厚为5厘米左右的黄沙，加5～10厘米的水，不喂食，冬季水温控制在2～10℃之间，即可安全越冬。

第三节 广西拟水龟养殖实例

一、养殖实例基本信息

南宁万千养殖场位于广西壮族自治区南宁市西乡塘区。该养殖场成立于1994年，一直从事广西拟水龟的养殖与繁育，从爷爷陈锡逸到父亲陈少再到儿子陈琳，历经了三代人的努力。一开始只是家庭作坊式养殖，主要是兴趣爱好；到2002年养殖场搬到桂平进行生态化养殖；2006年转回南宁市；2009年陈琳大学毕业后回家继承事业，扩大养殖规模，外出到各地交流养殖经验，在种苗孵化、商品龟育成等方面取得重大突破。现在基地位于南宁市西乡塘区，在当地政府和渔业主管部门的大力支持和帮助下，走上了规范化的管理道路，养殖规模得到迅速扩大，在广西有了一定影响力，是广西拟水龟的主要科研示范基地，并承接广西大学等一批科研机构的研究活动。现在有种龟800只，商品龟1 000只，每年产值超过200万元，占地面积2 668米^2，建有生态养殖池塘28个，保温室200米^2，有亲龟池、稚龟池、幼龟池、成龟池、蓄水塘等配套设施。配套有办公室、培训室、职工宿舍、值班房等，生产、生活设施较为完善。养殖场环境建设如图4-3所示，养殖车间布局如图4-4所示。

图 4-3　南宁万千养殖场环境情况

图 4-4　南宁万千养殖场养殖车间布局

二、放养与收获情况

2011 年 7 月在面积为 16 米^2 的水池中放养平均体重为 10 克的广西拟水龟龟苗 400 只；2014 年 5 月收获平均体重为 1.3 千克的广西拟水龟 386 只，养殖成活率达 96.5%。

三、养殖效益分析

养殖总成本为 41.2 万元，其中场地费 1.5 万元，龟苗费 30 万元，饲料费 6 万元，渔药费 0.1 万元，人工费 3.6 万元，水、电费

1 万元，其他费用 0.5 万元。2014 年 5 月收获 386 只成龟，平均体重为 1.3 千克，总产量为 501.8 千克，每千克售价为 2 400 元，总产值为 120.4 万元。扣除养殖成本，总利润为 79.2 万元，获得显著的经济效益。

四、经验和心得

1. 养殖环境

(1) 建设环境 广西拟水龟对环境要求很低，可在屋前、院后，也可在阳台、楼顶、房间等，只要通风、保暖、安静的空闲地方都可以，水质可以为井水或者自来水。

(2) 龟池条件 进、排水方便，环境安静，避风向阳，防旱、防涝、防逃、防盗、防鼠害。养殖池面积为 10～20 米^2/口，池底比较平坦，无渗漏且进、排水方便，水源好且长年供应充足，可控水位在 20～30 厘米。使用前用生石灰彻底清塘，并在进、出水口处安置过滤网。室内养殖只需要 1～5 米^2 的养殖池或养殖箱就可养殖。养殖池四周种植藤蔓植物。

2. 龟苗放养

(1) 投放优质龟苗 挑选外观特征符合品种特性，体质健壮，双目有神，反应敏捷，外观无伤残，无畸形，四肢伸缩自如、刚健有力的龟苗。

(2) 入池前消毒 用 3%的食盐水浸泡消毒 20 分钟，然后用 15 毫克／升高锰酸钾溶液浸洗 8～10 分钟。

3. 日常管理

(1) 饲料投喂 每天投喂 2 次，08：00 和 18：00 各 1 次。

(2) 水质调节 保持水质清新。

(3) 病害预防 每月用 20 毫克/升的高锰酸钾溶液浸泡养殖池 10 分钟，有效预防细菌、病毒对龟苗的侵害。用复合维生素 B 和维生素 C 浸泡龟苗 6 小时，每周 1 次，可有效增强龟苗的抵抗力。每次投喂完后 2 小时换水，保持水质干净，减少氨气对龟呼吸道的影响。换水时温差不要超过 3℃，避免由于温差引起的龟苗感冒。

投喂的饲料一定要新鲜，谨防病从口入，这样可有效预防急性肠胃炎。

(4) 越冬管理　保持水位，经常检测水温，当水温低于10℃时要给养殖池加盖保温薄膜。如果是第一年的龟苗，可以放入保温箱中保持28～30℃喂养到翌年5月。

4. 养殖心得体会

①广西拟水龟要注意饲料投喂管理，精心搭配好饲料，动物性饲料和植物性饲料比例为8∶2。动物性饲料以鱼肉、虾肉为主，辅以泥鳅、蜗牛、面粉虫、蚯蚓等，植物性饲料可选择香蕉、苹果、葡萄、南瓜、青菜等。不要投喂含有盐分的食物，比如虾皮、配合饲料、鱼粉等，因为龟消化不了盐，容易损伤肾脏，引起龟大量死亡。可以投放些红泥和沙进入龟池，补充微量元素。值得注意的是，龟类有反刍行为，故不能喂得太多，喂太多会引起龟苗变形，影响价格；对商品龟会引起脂肪肝，造成大面积死亡；对种龟来说，轻则不交配、产卵少，重则难产死亡，内脏病变死亡。

②注意调节水质，室外养殖过程保持水体透明度在10～20厘米，水色为嫩绿色。如果是室内高密度养殖要勤换水，不让水质由于食物残留和排泄物发酵引起水质偏酸，导致龟患腐皮病或者氨气中毒。

③早、晚巡池观察龟的活动状况，有问题的龟一般会爬上岸或者干燥的地方，发现问题及时处理。

④做好养殖记录，定期分析对比记录数据，了解龟的生长情况。

⑤养殖过程遇到的龟病问题，及时邀请专家到现场检查诊断，找出发病原因，有针对性地使用药物治疗龟病，切勿病急乱投医，更不能滥用药物。

总的来讲，广西拟水龟不但适合家庭养殖还适应外场大型生态养殖，养殖技术易掌握，对养殖场地条件要求不严格，生长迅速，增重速度快，喂养劳动强度轻，饲料来源广，养殖效益显著，非常适合在城市推广，可以是下岗职工的再就业项目或大学生毕业后的就业项目。由于现在养殖广西拟水龟的人数多、数量大，已经变成龟市风向标，因其成交快，成交量高，是新手进入龟行业首选的品种。

第四节　亚洲巨龟养殖实例

一、养殖实例基本信息

北海市宏昭农业发展有限公司位于广西壮族自治区北海市银海区平阳镇赤东村。濒临北部湾，地处亚热带，属热带海洋性季风气候。气候温暖湿润，空气清新，每立方厘米空气中的负氧离子含量高达 2 500～5 000 个，为天然大氧吧；年平均气温为22.9℃，极端最高温度为 37.1℃，极端最低温度为 2℃；年平均降水量为1 670毫米。年平均日照时数为 2 009 小时，年平均太阳总辐射 465 千焦/厘米^2。土质为黏壤土，保水性能良好。水源充足,有 2 处水源可利用：一处为牛尾岭水库水源，该水源充足，周边环境良好，无工厂污染，水质优良，是北海市三大淡泉饮用水厂的水源地（还珠淡泉、银安淡泉、泰清淡泉）；另一处水源为场内地下水，水量有保障，水质清新，无污染，pH 为7.0～7.5。

该公司早在 1992 年即开始了龟鳖繁养事业，是一家以龟类繁育、养殖与销售为主的私营企业。该公司在当地政府和渔业主管部门的大力支持和帮助下，走上了规范化的管理道路，业务得到了快速发展，现成为广东、广西地区规模最大的生态龟鳖养殖生产基地之一，是最大的亚洲巨龟养殖基地，全国唯一的省级亚洲巨龟良种场。占地面积 77 372 米^2，建有生态养殖池塘 70 702 米^2，有亲龟池、稚龟池、幼龟池、成龟池、蓄水塘等养殖设施。配套有办公室、实验室、职工宿舍、值班房等，生产、生活设施较为完善。该公司的养殖池设施如图 4-5 所示。

图 4-5　北海市宏昭农业发展有限公司的亚洲巨龟养殖池

二、放养与收获情况

2011 年 7 月在面积为 1 334 米^2 的池塘中放养平均体重为 2 千克的亚洲巨龟 1 000 只；2013 年 12 月收获平均体重为 8 千克的亚洲巨龟 905 只，养殖成活率为 90.5%。

三、养殖效益分析

养殖总成本为 97.4 万元，其中池塘承包费 0.4 万元，龟苗费 40 万元，饲料费 24 万元，渔药费 1 万元，人工费 21 万元，水、电费 5 万元，其他费用 6 万元。2013 年 12 月收获 905 只成龟，平均体重为 8 千克，总产量为 7 240 千克，每千克售价为 500 元，总产值 362 万元。扣除养殖成本，总利润为 264.6 万元，获得显著的经济效益。

四、经验和心得

1. 养殖环境

（1）建设环境　环境安静远离闹市区；阳光充足，周边无工厂污染源；水源清洁，溶氧量高；水质符合《绿色食品　产地环境质量》（NY/T 391）的要求。

(2) 龟池条件　水源及光照充足，进、排水方便，环境安静，避风向阳，土质坚实，保水性能好，防旱、防涝、防逃、防盗、防鼠害。养殖池面积为 667～1 000 米^2/口，池底比较平坦，无渗漏且进、排水方便，水源好且常年供应充足，可控水位在 1.2～2.0 米。使用前用生石灰彻底清塘，并在进、排水口处安置过滤网。

2. 龟苗放养

(1) 把好龟苗质量关　挑选外观无伤残，体形健壮，活动能力强的龟苗。

(2) 入池前消毒　用 3%的食盐水浸泡消毒 20 分钟，然后用 0.7 毫克／升的硫酸铜溶液浸洗 20～30 分钟，杀灭水蛭等寄生虫。

3. 日常管理

(1) 饲料投喂　每天投喂 2 次，08：00 和 17：00 各 1 次。

(2) 水质调节　保持水质清新嫩爽，每月定期投放生石灰调节养殖池水 pH，保持水体 pH 在 7.0～7.5。

(3) 越冬管理　保持水位，经常检测水温，当水温低于 10℃时要给养殖池加盖保温薄膜。

4. 养殖心得体会

①养殖亚洲巨龟要注意饲料投喂管理，要精心搭配好饲料，动物性饲料和植物性饲料比例为 4：6。动物性饲料以鱼肉为主，植物性饲料可选择南瓜、黄瓜、木瓜、红薯、红薯藤、青菜等。

②注意调节水质，养殖过程保持水体透明度在 35～40 厘米，水色为嫩绿色。

③早、晚巡塘观察龟的活动状况，发现问题及时处理。

④做好养殖记录，定期分析对比记录数据，了解龟的生长情况。

⑤养殖过程遇到的龟病问题，及时邀请专家到现场检查诊断，找出发病原因，有针对性地使用药物治疗龟病，切勿病急乱投医，更不能滥用药物。

总的来讲，亚洲巨龟是大型的龟类，养殖技术易掌握，对养殖场地条件要求不严格，生长迅速，增重速度快，含肉率高，以植物性饲料为主，饲料来源广，养殖效益显著，非常适合在农村推广。

第五节 广西拟水龟的药用价值和药用食谱

一、广西拟水龟的药用价值

广西拟水龟肉质密，味道鲜美，营养丰富，是我国传统的食疗补品。明代李时珍在《本草纲目》中指出水龟能“通任脉，故取其甲以补心、补肾、补血；久服轻身不饥。益气资智，使人能食”。药用主治“妇女漏下赤白，女子阴疮、难产”“治大人中风舌暗，小儿惊风不语。治久咳、断疟”。还可以“去瘀血、止血痢、续筋骨、治劳倦、消痈肿”。由此可见，经常吃龟可以滋阴、养血、强身，提高人体免疫功能，尤其是癌症患者放疗、化疗后，可以迅速加快体内白细胞生长，恢复身体健康，达到防癌治病的功效。

二、广西拟水龟的药用食谱

1. 化疗强身汤

(1) 原料 广西拟水龟 1 只（750 克以上）、猪尾骨 250 克，党参、黄芪、女贞子、枸杞、沙参、玉竹各 10 克，料酒、姜、盐少许。

(2) 做法 将广西拟水龟放入 70～80℃水中烫死，去皮，从腹部两侧甲桥下用刀将龟壳与肉分开，斩块后用料酒、姜块腌制 20 分钟；洗净后将龟肉、龟壳、猪尾骨一同放入紫砂电汤煲，加水约 3 000 毫升煲 1 夜，调味后分 2 天饮用。龟壳可再重新加入猪尾骨、党参等煲至酥烂后饮用。

(3) 功效 补血养精，扶正祛邪，癌症术后化疗前后食用，白细胞、血红蛋白明显提高至正常值，减轻化疗不良反应，身体迅速恢复。若要增加排毒功能，加土茯苓 20 克。

2. 肝癌排毒汤

(1) 原料 广西拟水龟 1 只（重约 750 克），猪瘦肉 60 克，三七 15 克，土茯苓 100 克，芡实 30 克。

(2) 做法 ①将三七洗净，打碎，土茯苓洗净，打碎；芡实洗净，浸泡半小时。②将广西拟水龟用开水烫，使其排尿，去内脏、头、爪后洗净，取出龟肉、龟壳斩块，猪瘦肉洗净，切片。③把全部用料（连龟壳）一齐放入锅内，加清水适量，武火煮沸后，文火煮 3 小时，去龟壳和土茯苓，调味即可。随量饮汤食肉。

(3) 功效 滋阴解毒，散瘀消症。

(4) 适应证 晚期肝癌症结者。症见腹胀，腹部肿块坚硬，疼痛不适。本汤属补消同用之品，汤中三七又叫田七，味甘，微苦，性温，有化瘀、消肿、止痛功能。《玉揪药解》说它能“和营止血，通脉行瘀，行瘀血而敛新血”。土茯苓味甘、淡、性平，具解毒利湿功能。含有皂苷、鞣质、树脂等。《本草纲目》说它能治“恶疮痈肿”。广西拟水龟味甘、咸、性平，具滋阴养血功能。与土茯苓同用，有清补解毒的作用。芡实味甘、涩、性平，具补益脾肾功能、利湿泄浊。猪瘦肉味甘、性平，具健脾益气、润燥益阴功能。合而为汤，共奏滋肾养肝、行血散瘀、消症止痛之功。

注意：若体虚甚者，可用高丽参 15 克炖汁饮用。

3. 灵芝煲龟汤

(1) 原料 灵芝 30 克，广西拟水龟 1 只，红枣 10 枚。

(2) 做法 将红枣去核，广西拟水龟放入锅内，清水煮沸，捞出，洗净去内脏，切块略炒，与红枣、灵芝同入砂锅内煲汤，加调料调味。灵芝应用紫芝，若用赤芝，汤味略苦。若改用云芝（白灵芝）治疗肝炎效果更好。

(3) 功效 滋补健身，养血安神，清肝排毒。

(4) 适应证 适用于肺结核病，神经衰弱，高脂血症，肿瘤，肝炎等。亦可用作保健、强身、美容的食疗。

第五章　名优龟类上市和营销

名优龟类是高价值的特殊商品，由于尚处在稳步发展阶段，生产总量还远远满足不了广大爱好者的需求，目前还没有专业的交易市场，多数情况下的交易都是在龟友之间的圈内完成。当前，名优龟类市场信息发布的形式主要通过网站、微信、QQ 群等现代信息渠道进行传播。结算方式主要是通过网上银行系统汇兑完成。另外，还有一个交易平台是各地建立起来的龟鳖产业协会、龟鳖研究会以及每年各地举办的各种评比大赛和名龟专题交流活动。特别是近几年来，在广西举办的一年一度的全国龟鳖评比大赛和名优龟鳖展示展销活动，给全国龟鳖爱好者搭建了一个规模宏大的交流交易平台。正是由于有了这个交易交流平台，使全国名龟产业得到社会各界的广泛关注，促使名优龟类得到更多人的喜爱，有力地促进了名优龟类资源的增殖壮大。

第一节　捕　　捞

名优龟类养殖捕捞上市的情况与其他水产养殖有较大的区别。鱼、虾、蟹等水产养殖品种每年捕捞上市时间视养殖产品的规格，相对固定在春、秋两季。而名优龟类则全年都可以捕捞上市，是根据市场需求来决定捕捞的，只要市场有需求，随时都可以捕捞，而且捕捞上市的规格也是根据客户需要而定。往往是接到客户的电话即做好捕捞的准备，等到客户到养殖场看样谈妥需要数量和价格后就开始捕捞。通常情况下，根据气候条件，捕捞上市相对集中在每年的 5—10 月。

第二节　暂　　养

名优龟类养殖生产中有几种情况需要暂养：一是发生病害时需要隔离暂养观察治疗；二是购买龟回来后需要暂养观察消毒，确定龟稳定适应新环境后再入池养殖；三是准备捕捞上市时从大的养殖池中捕捞符合上市规格的龟到小养殖池集中暂养，并进行包装前的消毒处理。不管是何种情况下的暂养，操作过程都要小心，做到轻拿轻放，切忌将龟从高处往水中抛放，避免损伤龟体，导致肺呛水。暂养水位以刚淹没龟背甲为止，暂养池水温与养殖池水温差要低于3℃。暂养期间暂养密度切勿过大，视龟的大小，一般为5～10只/米^2。暂养期间一般不投喂饲料。

第三节　包装与运输

与其他水产养殖产品不同，名优龟类的包装与运输有其独特性。一般生猛的水产品包装与运输必须带水和充氧；冰鲜产品则需加冰低温包装运输。而龟这类特殊动物因为主要是用肺呼吸，在包装与运输时只要能保持有足够的新鲜空气就可以存活，所以龟类的包装与运输可以采用干法包装和干法运输。大型的龟类可用编织袋或14目①的尼龙网袋单个包装；小型的龟可用编织袋或14目的尼龙网袋多个包装，但要注意不能将大、小规格的龟混装在一起，以免大规格的龟将小规格的龟挤压受伤。在运输时，视数量情况来决定是否需要在包装袋外再加包装箱，一般数量多时，由于要叠放，故必须要在包装袋外增加硬质的包装箱，塑料箱或泡沫箱均可。包装箱必须要有

① 筛网有多种形式、多种材料和多种形状的网眼。网目是正方形网眼筛网规格的度量，一般是每2.54厘米中有多少个网眼，名称有目（英国）、号（美国）等，且各国标准也不一，为非法定计量单位。孔径大小与网材有关，不同材料的筛网，相同目数网眼孔径大小有差别。——编者注

足够的透气孔。叠放时箱与箱之间要注意留有足够的空间,以保持空气的畅通。

第四节　均衡上市与营销

名优龟类作为高档水产品，由于数量有限，目前国内各地均未形成专门的交易市场，大宗的交易数量都是在养殖场中进行的，只有少部分在一些龟鳖专业商店中销售。在实际生产当中，要注意收集产业发展动态信息，特别是网站、QQ群和微信上的信息，多与外界交流沟通，多听取一些行家的观点，进行分析对比，判断市场走向，既不要在价格低迷时随意抛售，也不要在价格上涨时惜售，要根据自己的实际情况做到全年均衡上市，以确保自身利益最大化。在实际生产当中尤其是要认真做好名优龟类的营销工作。不管养什么龟，数量多少，只有将龟销售出去换取了钞票才能实现经济价值。当前，名优龟类的养殖遍布千家万户，在还没有出现专业交易市场的情况下，作为养殖商家必须靠自己想办法做好营销工作。现代社会已进入网络信息时代，许多工作和生活都离不开网络，名优龟类的销售也不例外。但是，依靠网络做买卖也有弊端，许多商家没法判断信息的真假，往往造成不必要的经济损失。要做好名优龟类的营销，首先是要把自己的龟按照国家有关标准养好，尽量采用生态健康的技术方法来管理好日常的生产，以确保龟产品的质量安全。其次是要注意保种选育，生产出符合品种标准的产品，并要注册自己的商标，打造自己的品牌，以良好的形象向社会宣传自己的产品。再次就是要诚信经营，要把最好的产品提供给社会，敢于向社会承诺自己产品的质量和安全。只有这样，人人都按标准生产，人人都从正面宣传，人人都守信经营，名优龟类产业才能越做越大。这关系到全社会的共同利益，所以名优龟类的营销要靠全社会来集思广益，让我们共同为名优龟类美好的明天加油吧。

第六章　名优龟类养殖常见病害的防治

第一节　病害预防

龟是抗病能力较强的动物，一般不易患病。健康的龟两眼有神，眼球既不凸出也不凹陷，用手轻触，眼睛立即闭上，然后又会睁开，对光线、移动物体等反应敏感；龟的鼻孔、口腔内无异物、黏液等，舌头粉红色，湿润；龟的颈部伸缩自如，不水肿，不胀气；龟的四肢有力，伸缩自如，能支撑身体爬行；龟的背甲、腹甲较硬，盾片完整，无破损；龟能自行捕食、进食；健康龟的粪便呈圆柱形，并有透明薄膜包裹。如果观察到龟的活动情况与以上这些特征有差别的，说明龟很可能已患病。预防龟患病，可采取的主要措施有如下几点。

一、保持充足、稳定的饲料供给

以投喂新鲜的小杂鱼、虾为主，或将小杂鱼、虾、香蕉、胡萝卜或玉米粉绞碎拌匀作为饲料，这样可以确保龟苗获得充足的营养。

二、定期消毒培育池

每隔 15 天，用浓度为 10 毫克/升的高锰酸钾溶液连同龟苗一起浸泡消毒 8～10 分钟。

三、定期浸泡维生素

每隔 7～10 天用 B 族维生素和维生素 C 浸泡龟苗，每 100 只龟苗用量为：每片含主要成分 0.2 克的 B 族维生素 8 片、维生素 C 10 片，浸泡 6 小时，连续使用 2 次，可预防厌食症、败血症，并能增强免疫力。

四、定期浸泡中草药

每隔 25 天按 5∶3∶2 的比例使用大黄、黄芩、黄柏，用量与用法为每 100 只龟苗用 50 克，煮沸 20 分钟，放凉后浸泡龟苗，使药液刚好没过龟背即可，浸泡 6 小时后换水，再用原药渣煮沸 10 分钟，放凉后再用来浸泡龟苗 6 小时。每服药煮 2 次，连用 2 服药。用此法可有效预防肠炎、肺炎以及出血性败血症等疾病。

五、保持培育水环境的温度恒定

培育全过程要保持水温恒定在 28～30℃。

六、做好隔离

病龟应隔离单独饲养，并对原饲养容器用高锰酸钾溶液浸泡 30 分钟以上进行消毒杀菌。

第二节　喂药方法

对患病龟喂药是一项技术操作性较强的工作。对于能自行摄食的龟，可以把药片砸碎或把药片磨成粉末，拌在食物中喂食。对那些不能自行摄食的龟就要通过人工填喂来给药。具体的操作方法如下。

一、固定龟的方法

喂药的人坐在椅子上把病龟腹甲朝向左侧，用两大腿内侧轻轻夹住龟体。

二、让龟张口和给药的方法

首先用左手大拇指、中指卡住龟的颈部，使其头部露出甲壳。注意用力适度。松了龟会缩头，紧了会伤害到龟。尤其不要用力掐龟的鼓膜位置，否则龟会失去控制平衡的能力。

然后用左手食指轻轻扒开龟的嘴，不要用指甲抠，要轻轻地顺着劲来。

最后用右手把药片塞进龟嘴。也可以用捏子夹住药片放入龟的口中，但要小心镊子不要伤害到龟的头部和口腔。

要注意，药片进入龟口的瞬间，龟有可能用舌头把药片顶出来，因此，不要把药片放进去后就放松警惕，要多注意观察一会儿，确认龟将药片吞下。

第三节　常见病害及治疗方法

一、胃肠炎

(1) 病因　在龟进食后环境温度突然下降5℃以上，或环境温度不足22℃时易引起此病。另外，投喂腐烂变质的食物、水质恶化时也会引起此病。

(2) 主要症状　患病的龟精神萎靡，反应迟钝，少食或不食；轻度病龟的粪便中有少量黏液或粪便稀软，呈黄色、绿色或深绿色，龟少量进食或不进食或呕吐。严重的龟粪便呈水样或黏液状，呈红棕色色或血红色，用棉签攒少量涂于白纸上可见血，龟绝食。解剖可见肠胃充血（彩图107）。

(3) 治疗方法　在正常的饲养管理过程中，要保持环境温度稳定，在龟进食后应将温度保持在26℃以上，并且要注意保持水质清洁，不要投喂腐烂变质的食物，不要投喂冰冷的食物。每千克龟用土霉素50～100毫克拌饲料投喂，连续3～5天。

二、肺炎

(1) 病因　由于养殖过程环境温度激变，温差超过3℃以上时，造成龟感冒，反复几次后就导致龟肺部感染。肺炎初期，龟发热、呼吸困难，有时有哮鸣声，龟目光黯淡且流眼泪、流鼻涕或鼻孔冒水泡，重者鼻孔结痂，眼圈发白，龟体逐渐消瘦，缩头，停止摄食，继续恶化会导致肺脓肿、坏疽，最后窒息死亡。

(2) 主要症状　嘴角、鼻子有黏液，龟瞌睡，头高举，张口喘息，前、后腿虚弱（彩图108）。

(3) 治疗方法　隔离，提高饲养池内的温度至30℃左右，并保持恒定。将庆大霉素按1∶20的比例兑入水内浸泡5小时，每天2次；或每千克龟用“病毒灵”0.4克、维生素C 0.2克拌饲料投喂；每千克龟肌内注射青霉素或链霉素5万单位，每天2次，连续注射3～5天；或每千克龟每次注射卡那霉素6万单位，每天1次，连续注射4～5天。

三、肝胆综合征

(1) 病因　长期投喂含劣质蛋白质的配合饲料；长期投喂变质的冷冻鱼、虾；长期投喂重金属含量偏高的饲料；长期投喂单一的高蛋白质、高脂肪的饲料。

(2) 主要症状　外观正常，但不断有零星死亡，个体大的先死。解剖可见肝胆成倍肿大，变为白色或绿色，易碎（彩图109）。

(3) 治疗技术　停喂不合格饲料；在饲料中添加“排毒肝病康”5克＋“百胜杀星”3克，连喂10～15天。

四、绿脓假单胞菌败血症

(1) 病因　绿脓假单胞菌广泛存在于土壤、污水中。主要经消化道、伤口感染。饲料、水源中也有该细菌的存在。

(2) 主要症状　病龟没有食欲，进食少，呕吐，排黄色或褐色脓状粪便（彩图110）。

(3) 治疗方法　预防胜于治疗，因此，注意龟的环境卫生及饲料、饮水的清洁一般是不会导致细菌感染的，一旦患病可将链霉素拌入饲料中投喂，或者用链霉素溶液浸泡。

五、白眼病

(1) 病因　由于饲养密度过大，没有及时进行换水，导致水质变坏，碱性过重而引起。发病季节多在春季和秋季，越冬后的春季为流行盛期。该病多见于幼龟，发病率较高。

（2）主要症状 病龟眼部发炎充血，逐渐变成灰白色且逐渐肿大。眼角膜和鼻黏膜因眼部炎症而糜烂，严重时会双目失明，呼吸受阻。眼球的外部被白色的分泌物掩盖，眼睛不能睁开。病龟常用前肢擦眼部，行动迟缓，严重者停食，最后因体弱并发其他疾病而衰竭死亡。有些病龟在发病初期仅有1个眼患病，如不采取措施，很快另1个眼也出现症状。病龟眼睛有可能失明（彩图111）。

（3）治疗方法 平时应经常换水，保持水质清洁，并按时投喂营养药物，以提高龟自身的抵抗力。对已经患病的龟，应单独饲养，并对原饲养容器用高锰酸钾溶液浸泡30分钟以上进行消毒杀菌。对病症严重（眼部糜烂）的龟，首先将眼内的白色物、白色坏死表皮清除干净，若出血，应继续清理。每立方米水体用硫酸链霉素1 000万～2 000万单位浸泡12小时，连用3～5天；或用“黄金败毒液”（主要成分为黄芪、蒲公英、大青叶、板蓝根、金银花、黄芩、大黄和黄柏）浸泡，浓度为5毫升/米^3，浸泡6小时，连用3～5天。

六、腐皮病

（1）病因 由单胞杆菌引起。因饲养密度较大，龟互相撕咬，病菌侵入后，引起受伤部位皮肤组织坏死。水质污染也易引起龟患此病。

（2）主要症状 肉眼可见病龟的颈部、四肢、尾部皮肤坏死、糜烂、溃疡。轻度腐皮病，最容易发生在腋窝、跨窝、颈部等皮肤褶皱较多的部位；重度腐皮病，病龟头部已经不能正常伸缩（彩图112）。

（3）治疗方法 每天用季铵盐碘按0.2毫克/升浸泡8小时，连用3～5天；若龟自己吃食，可在饲料中添加土霉素粉；若龟已停食，可按每千克龟用1克土霉素填喂，然后将病龟隔离饲养，切忌放水饲养，以免加重病情。龟恢复后再入池饲养。

七、烂甲病

（1）病因　由于甲壳受磨损后，细菌侵入而导致甲壳溃烂。也有可能是受到机械性损伤，如野外捕捉时或运输途中受到硬物碰伤，或者从高处跌落导致甲壳受损。

（2）主要症状　甲壳的表面溃烂，严重者形成洞穴或露出肌肉，绝食或少食。烂甲有几种情况：因细菌入侵形成穿孔，能看到内部骨骼的烂甲；由于硬性损伤造成的烂甲，表面盾片脱落损伤，引起病菌入侵造成烂甲；由于盾片受损细菌感染而导致的烂甲（彩图113）。

（3）治疗方法　将病龟溃烂处剔除，用过氧化氢擦洗患处，用高锰酸甲结晶粉直接涂抹患处，然后隔离单养。同时用3%的食盐水浸浴10～20分钟，每天2次，连用3～5天。对于新鲜的创伤应敷云南白药止血，小心包扎，精心调养。

八、腐甲病

（1）病因　由于甲壳受损或受挤压，使病菌侵入龟甲内，导致甲壳溃烂。

（2）主要症状　龟的背甲或腹甲最初出现白色斑点，慢慢形成红色斑点，用力挤压有血水渗出，并有腐臭气味。严重的甲壳表面会溃烂成洞，腋窝和胯窝鼓胀。病龟停食少动，有缩头现象。四眼斑水龟、侧颈龟类、蛇颈龟类极易患此病（彩图114）。

（3）治疗方法　将患处盾片挑破，挤净血水，去除病灶，用食盐或高锰酸钾结晶粉直接涂抹患处，每天1次，1周左右可痊愈，但龟甲上会有永久性疤痕。

九、水霉病

（1）病因　龟长期生活在水中或阴暗潮湿处，对水质不适应，真菌侵染龟体表皮肤引起。

（2）主要症状　感染初期不见任何异常，继而食欲减退、体质衰弱，或在冬眠中死亡。随着病的发展，龟的颈部、四肢出现白色絮状物，俗称“生毛”，病龟烦躁不安，龟体消瘦，进而表皮形成肿胀、溃烂、坏死或脱落，严重时导致龟死亡（彩图115）。

(3) 治疗方法 在对龟的日常饲养管理中，应经常让龟晒太阳，以抑制水霉菌滋生，达到预防效果。对已经患病的龟，可配制3%～4%的食盐水浸浴10～20分钟，每天2次，并用高锰酸钾溶液对饲养容器浸泡消毒，连续操作3～5天。

十、纤毛虫病

(1) 病因 长期投喂野杂鱼、虾，没有及时清理残饵，水质败坏，导致由野杂鱼、虾带来的纤毛虫寄生附着到龟体上。

(2) 主要症状 背甲、颈部、四肢基部着生纤毛状物（彩图116）。

(3) 治疗方法 用20毫克/升的高锰酸钾溶液浸泡10～15分钟，每天2次，连用3～5天。

十一、体内寄生虫病

(1) 病因 因龟在野外生活、摄食时，将各种附有寄生虫卵、虫体的食物摄入体内，使寄生虫寄生于龟的腹腔内的肠、胃、肺、肝等各器官上。寄生虫的种类有盾肺吸虫、线虫、锥体虫、吊钟虫、血簇虫、隐孢球虫、棘头虫等。

(2) 主要症状 病龟体弱，抵抗力差，体形消瘦，四肢乏力。一些新购进的龟的粪便中可见大量的寄生虫活体被排出。

(3) 治疗方法 在日常饲养管理过程中，切忌投喂已腐烂变质的饲料，对于蔬菜、瓜果等要充分清洗后再投喂。对于新购进的龟，应在饲料中拌入阿苯达唑（肠虫清）投喂，也可直接填喂。对于日常投喂活鱼、活虾、红线虫、蝇蛆、孑孓、蚕蛹等鲜活饲料的龟，应每半年左右投喂1次驱虫药，以去除寄生虫。

十二、体外寄生虫病

(1) 病因 水栖龟类、陆栖龟类受野外生活环境中的寄生虫感染。

(2) 主要症状　龟的表面，尤其是在背甲和腹甲的交界和四肢基部，肉眼可见有寄生虫，龟体日渐消瘦（彩图117）。

(3) 治疗方法　对新引进的龟入池前可用1%的敌百虫溶液浸洗，连续2天，冲洗干净龟体外表后入池养殖。对水栖龟类如发现有水蛭，则用0.7毫克/升的硫酸铜溶液浸洗20～30分钟，水蛭会脱落死亡。养殖过程勤换水，同时用毛刷擦拭龟体，也可防范体外寄生虫滋生。

十三、软甲病（缺钙病）

(1) 病因　龟在人工饲养环境下由于长期投喂单一饲料、投喂熟食，食物中缺乏各种微量元素，营养不均衡，造成龟体内缺少维生素D，且钙、磷比例倒置或缺钙，导致龟的骨质软化。长期室内饲养缺乏自然阳光照射时也会引起此病。此病多见于生长迅速的稚龟、幼龟。

(2) 主要症状　病龟的行动、摄食均正常，但将龟拿在手中，可感到病龟的甲壳较软，且四肢关节较为粗大。严重的病龟，背壳表层鳞甲逐渐出现脱落，壳呈现软化，指甲或趾甲有脱落现象，甲壳出现不规则畸形（彩图118）。

(3) 治疗方法　在日常饲养管理中，应保证日光的照射。尽可能地让龟接受自然阳光照射，注意不要有任何阻隔物，包括玻璃、塑料布等。室内饲养也可使用户外紫外线（UVB）荧光灯。在饲养池中设置高于水面可供龟晒甲的陆地。在日常投喂的食物中，应定期添加适量的钙粉、虾壳粉、贝壳粉、鱼肝油、维生素D及复合维生素等。对稚龟和幼龟应定期投喂一些带壳虾类。另外，投喂饲料时应注意动物性饲料和植物性饲料搭配，适当投喂一些绿色菜叶。对患病较严重的龟可肌内注射10%葡萄糖酸钙（1毫升/千克）。

十四、肺呛水

(1) 病因　主要是养殖过程操作不慎引起。比如将龟突然抛入水中；龟受惊吓突然跳入水中；洗刷养殖池时直接用高压水柱冲喷龟体等。这些操作都会导致水直接呛入龟的肺部。

(2) 主要症状 颈部肥肿，四肢无力，无伸缩能力；皮肤呈淡黄色，似水泡状。呛水时间长，捞上后可见龟有张嘴喘气动作（彩图 119）。

(3) 治疗方法 将病龟四肢挤压入壳内，排挤体内积水，拉动头和四肢数次做伸压动作，进行人工呼吸；之后将龟放于安静温暖处自然恢复。

十五、畸形病

(1) 病因 近亲繁殖或养殖过程操作不慎引起。

(2) 主要症状 龟体外形变异，与正常龟体形相比反差大，有的四肢不健全；有的背甲高高隆起；有的背甲凹陷；有的脊椎弯曲；有的缘盾呈波浪状等（彩图 120）。

(3) 治疗方法 目前尚无治疗畸形龟体的方法。只能采取预防措施，避免养殖过程产生畸形现象：一是要选择亲缘交远的龟做亲本开展繁殖生产；二是养殖过程中需要加温时尽量使水温控制在 28～30℃；三是养殖过程投喂的饲料营养要均衡，不要投喂鸡肝、鸭肝等动物内脏。

附　　录

附录一　水产动物禁用药物

附表 1-1　食品动物禁用的兽药及其他化合物清单

（引自中华人民共和国农业部公告第 193 号）

序号	兽药及其他化合物名称	禁止用途	禁用动物
1	兴奋剂类： 克仑特罗 clenbuterol 沙丁胺醇 salbutamol 西马特罗 cimaterol 及其盐、酯及制剂	所有用途	所有食品动物
2	性激素类： 己烯雌酚 diethylstilbestrol 及其盐、酯及制剂	所有用途	所有食品动物
3	具有雌激素样作用的物质： 玉米赤霉醇 zeranol 去甲雄三烯醇酮 trenbolone 醋酸甲孕酮 mengestrol acetate 及制剂	所有用途	所有食品动物
4	氯霉素 chloramphenicol、及其盐、酯（包括：琥珀氯霉素 chloramphenicol succinate）及制剂	所有用途	所有食品动物
5	氨苯砜 dapsone 及制剂	所有用途	所有食品动物
6	硝基呋喃类： 呋喃唑酮 furazolidone 呋喃它酮 furaltadone 呋喃苯烯酸钠 nifurstyrenate sodium 及制剂	所有用途	所有食品动物

（续）

序号	兽药及其他化合物名称	禁止用途	禁用动物
7	硝基化合物： 硝基酚钠 sodium nitrophenolate 硝呋烯腙 nitrovin 及制剂	所有用途	所有食品动物
8	催眠、镇静类：安眠酮 methaqualone 及制剂	所有用途	所有食品动物
9	林丹（丙体六六六）lindane	杀虫剂	所有食品动物
10	毒杀芬（氯化烯）camahechlor	杀虫剂、清塘剂	所有食品动物
11	呋喃丹（克百威）carbofuran	杀虫剂	所有食品动物
12	杀虫脒（克死螨）chlordimeform	杀虫剂	所有食品动物
13	双甲脒 amitraz	杀虫剂	水生食品动物
14	酒石酸锑钾 antimony potassium tartrate	杀虫剂	所有食品动物
15	锥虫胂胺 tryparsamide	杀虫剂	所有食品动物
16	孔雀石绿 malachite green	抗菌、杀虫剂	所有食品动物
17	五氯酚酸钠 pentachlorophenol sodium	杀螺剂	所有食品动物
18	各种汞制剂，包括： 氯化亚汞（甘汞）calomel 硝酸亚汞 mercurous nitrate 醋酸汞 mercurous acetate 吡啶基醋酸汞 pyridyl mercurous acetate	杀虫剂	所有食品动物
19	性激素类： 甲基睾丸酮 methyltestosterone 丙酸睾酮 testosterone propionate 苯丙酸诺龙 nandrolone phenylpropionate 苯甲酸雌二醇 estradiol benzoate 及其盐、酯及制剂	促生长	所有食品动物
20	催眠、镇静类： 氯丙嗪 chlorpromazine 地西泮（安定）diazepam 及其盐、酯及制剂	促生长	所有食品动物

（续）

序号	兽药及其他化合物名称	禁止用途	禁用动物
21	硝基咪唑类： 甲硝唑 metronidazole 地美硝唑 dimetronidazole 及其盐、酯及制剂	促生长	所有食品动物

注：食品动物是指各种供人食用或其产品供人食用的动物。

附表 1-2　兽药地方标准废止目录

（引自中华人民共和国自农业部公告第 560 号）

序号	类别	名称/组方
1	禁用兽药	β-兴奋剂类：沙丁胺醇及其盐、酯及制剂 硝基呋喃类：呋喃西林、呋喃妥因及其盐、酯及制剂 硝基咪唑类：替硝唑及其盐、酯及制剂 喹噁啉类：卡巴氧及其盐、酯及制剂 抗生素类：万古霉素及其盐、酯及制剂
2	抗病毒药物	金刚烷胺、金刚乙胺、阿昔洛韦、吗啉（双）胍（病毒灵）、利巴韦林等及其盐、酯及单、复方制剂
3	抗生素、合成抗菌药及农药	抗生素、合成抗菌药：头孢哌酮、头孢噻肟、头孢曲松（头孢三嗪）、头孢噻吩、头孢拉啶、头孢唑啉、头孢噻啶、罗红霉素、克拉霉素、阿奇霉素、磷霉素、硫酸奈替米星、氟罗沙星、司帕沙星、甲替沙星、克林霉素（氯林可霉素、氯洁霉素）、妥布霉素、胍哌甲基四环素、盐酸甲烯土霉素（美他环素）、两性霉素、利福霉素等及其盐、酯及单、复方制剂 农药：井冈霉素、浏阳霉素、赤霉素及其盐、酯及单、复方制剂
4	解热镇痛类等其他药物	双嘧达莫（预防血栓栓塞性疾病）、聚肌胞、氟胞嘧啶、代森铵（农用杀虫菌剂）、磷酸伯氨喹、磷酸氯喹（抗疟药）、异噻唑啉酮（防腐杀菌）、盐酸地酚诺酯（解热镇痛）、盐酸溴己新（祛痰）、西咪替丁（抑制人胃酸分泌）、盐酸甲氧氯普胺、甲氧氯普胺（盐酸胃复安）、比沙可啶（泻药）、二羟丙茶碱（平喘药）、白细胞介素-2、别嘌醇、多抗甲素（α-甘露聚糖肽）等及其盐、酯及制剂
5	复方制剂	注射用的抗生素与安乃近、氟喹诺酮类等化学合成药物的复方制剂； 镇静类药物与解热镇痛药等治疗药物组成的复方制剂

附表 1-3　无公害食品禁用渔药

［引自《无公害食品　渔用药物使用准则》（NY 5071—2002）］

药物名称	化学名称（组成）	别名
地虫硫磷 fonofos	O-乙基-S-苯基二硫代磷酸乙酯	大风雷
六六六 BHC（HCH） Benzem，bexachloridge	1，2，3，4，5，6-六氯环己烷	
林丹 lindane，agammaxare，gamma-BHC gamma-HCH	γ-1，2，3，4，5，6-六氯环己烷	丙体六六六
毒杀芬 camphechlor（ISO）	八氯莰烯	氯化莰烯
滴滴涕 DDT	2，2-双（对）氯苯基-1，1，1-三氯乙烷	
甘汞 calomel	二氯化汞	
硝酸亚汞 mercurous nitrate	硝酸亚汞	
醋酸汞 mercuric acetate	醋酸汞	
呋喃丹 carbofuran	2，3-氢-2，2-二甲基-7-苯并呋喃-甲基氨基甲酸酯	克百威、大扶农
杀虫脒 chlordimeform	N-（2-甲基-4-氯苯基）N′，N′-二甲基甲脒盐酸盐	克死螨
双甲脒 anitraz	1，5-双-（2，4-二甲基苯基）-3-甲基 1，3，5-三氮戊二烯-1，4	二甲苯胺脒
氟氯氰菊酯 flucythrinate	（R，S）-α-氰基-3-苯氧苄基-（R，S）-2-（4-二氟甲氧基）-3-甲基丁酸酯	保好江乌　氟氰菊酯
五氯酚钠 PCP-Na	五氯酚钠	

（续）

药物名称	化学名称（组成）	别名
孔雀石绿 malachite green	$C_{23}H_{25}ClN_2$	碱性绿、盐基块绿、孔雀绿
锥虫胂胺 tryparsamide		
酒石酸锑钾 anitmonyl potassium tartrate	酒石酸锑钾	
磺胺噻唑 sulfathiazolum ST，norsultazo	2-（对氨基苯碘酰胺）-噻唑	消治龙
磺胺脒 sulfaguanidine	N_1-脒基磺胺	磺胺胍
呋喃西林 furacillinum，nitrofurazone	5-硝基呋喃醛缩氨基脲	呋喃新
呋喃唑酮 furazolidonum，nifulidone	3-（5-硝基糠叉胺基）-2-噁唑烷酮	痢特灵
呋喃那斯 furanace，nifurpirinol	6-羟甲基-2-（-5-硝基-2-呋喃基乙烯基）吡啶	P-7138（实验名）
氯霉素（包括其盐、酯及制剂）chloramphennicol	由委内瑞拉链霉素生产或合成法制成	
红霉素 erythromycin	属微生物合成，是 *Streptomyces eyythreus* 生产的抗生素	
杆菌肽锌 zinc bacitracin premin	由枯草杆菌 *Bacillus subtilis* 或 *B. leicheniformis* 所产生的抗生素，为一含有噻唑环的多肽化合物	枯草菌肽
泰乐菌素 tylosin	*S. fradiae* 所产生的抗生素	
环丙沙星 ciprofloxacin（CIPRO）	为合成的第三代喹诺酮类抗菌药，常用盐酸盐水合物	环丙氟哌酸

（续）

药物名称	化学名称（组成）	别名
阿伏帕星 avoparcin		阿伏霉素
喹乙醇 olaquindox	喹乙醇	喹酰胺醇羟乙喹氧
速达肥 fenbendazole	5-苯硫基-2-苯并咪唑	苯硫哒唑氨甲基甲酯
己烯雌酚（包括雌二醇等其他类似合成等雌性激素）diethylstilbestrol，stilbestrol	人工合成的非甾体雌激素	乙烯雌酚，人造求偶素
甲基睾丸酮（包括丙酸睾丸素、去氢甲睾酮以及同化物等雄性激素）methyltestosterone，metandren	睾丸素 C_{17} 的甲基衍生物	甲睾酮，甲基睾酮

附录二　渔用药物的使用原则和方法

《无公害食品　渔用药物使用准则》（NY5071—2002）中规定的渔用药物使用基本原则如下。

渔用药物的使用应以不危害人类健康和不破坏水域生态环境为基本原则。

水生动、植物增养殖过程中对病虫害的防治，坚持“以防为主，防治结合”。

渔药的使用应严格遵循国家和有关部门的有关规定，严禁生产、销售和使用未经取得生产许可证、批准文号与没有生产执行标准的渔药。

积极鼓励研制、生产和使用“三效”（高效、速效、长效）、“三小”（毒性小、副作用小、用量小）的渔药，提倡使用水产专用渔药、生物源渔药和渔用生物制品。

病害发生时应对症用药，防止滥用渔药与盲目增大用药量或增加用药次数、延长用药时间。

食用鱼上市前，应有相应的休药期。休药期的长短，应确保上市水产品的药物残留限量符合 NY5070 要求。

水产饲料中药物的添加应符合 NY5072 要求，不得选用国家规定禁止使用的药物或添加剂，也不得在饲料中长期添加抗菌药物。

渔用药物的使用方法如附表 2-1 所示。

附表 2-1　渔用药物使用方法

［引自《无公害食品　渔用药物使用准则》（NY 5071—2002)］

渔药名称	用　途	用法与用量	休药期（天）	注意事项
氧化钙（生石灰）calcii oxydum	用于改善池塘环境，清除敌害生物及预防部分细菌性鱼病	带水清塘：200～250 毫克/升（虾类：350～400 毫克/升） 全池泼洒：20～25 毫克/升（虾类：15～30 毫克/升）		不能与漂白粉、有机氯、重金属盐、有机络合物混用
漂白粉 bleaching powder	用于清塘、改善池塘环境及防治细菌性皮肤病、烂鳃病、出血病	带水清塘：200 毫克/升 全池泼洒：1.0～1.5 毫克/升	≥5	1. 勿用金属容器盛装 2. 勿与酸、铵盐、生石灰混用
二氯异氰尿酸钠 sodium dichloroisocyanurate	用于清塘及防治细菌性皮肤溃疡病、烂鳃病、出血病	全池泼洒：0.3～0.6 毫克/升	≥10	勿用金属容器盛装
三氯异氰尿酸 trichloroisocyanuric acid	用于清塘及防治细菌性皮肤溃疡病、烂鳃病、出血病	全池泼洒：0.2～0.5 毫克/升	≥10	1. 勿用金属容器盛装 2. 针对不同的鱼类和水体的 pH，使用量应适当增减

（续）

渔药名称	用　途	用法与用量	休药期（天）	注意事项
二氧化氯 chlorine dioxide	用于防治细菌性皮肤病、烂鳃病、出血病	浸浴：20～40 毫克/升，5～10 分钟 全池泼洒：0.1～0.2 毫克/升，严重时 0.3～0.6 毫克/升	≥10	1. 勿用金属容器盛装 2. 勿与其他消毒剂混用
二溴海因	用于防治细菌性和病毒性疾病	全池泼洒：0.2～0.3 毫克/升		
氯化钠（食盐）sodium chioride	用于防治细菌、真菌或寄生虫疾病	浸浴：1%～3%，5～20 分钟		
硫酸铜（蓝矾、胆矾、石胆）copper sulfate	用于治疗纤毛虫、鞭毛虫等寄生性原虫病	浸浴：8 毫克/升（海水鱼类：8～10 毫克/升），15～30 分钟 全池泼洒：0.5～0.7 毫克/升（海水鱼类：0.7～1.0 毫克/升）		1. 常与硫酸亚铁合用 2. 广东鲂慎用 3. 勿用金属容器盛装 4. 使用后注意池塘增氧 5. 不宜用于治疗小瓜虫病
硫酸亚铁（硫酸低铁、绿矾、青矾）ferrous sulphate	用于治疗纤毛虫、鞭毛虫等寄生性原虫病	全池泼洒：0.2 毫克/升（与硫酸铜合用）		1. 治疗寄生性原虫病时需与硫酸铜合用 2. 乌鳢慎用
高锰酸钾（锰酸钾、灰锰氧、锰强灰）potassium permanganate	用于杀灭锚头鳋	浸浴：10～20 毫克/升，15～30 分钟 全池泼洒：4～7 毫克/升		1. 水中有机物含量高时药效降低 2. 不宜在强烈阳光下使用

（续）

渔药名称	用　途	用法与用量	休药期（天）	注意事项
四烷基季铵盐络合碘（季铵盐含量为50%）	对病毒、细菌、纤毛虫、藻类有杀灭作用	全池泼洒：0.3毫克/升（虾类相同）		1. 勿与碱性物质同时使用 2. 勿与阴性离子表面活性剂使混用 3. 使用后注意池塘增氧 4. 勿用金属容器盛装
大蒜 crown′s treacle，garlic	用于防治细菌性肠炎	拌饵投喂：10～30克/千克体重，连用4～6天（海水鱼类相同）		
大蒜素粉（含大蒜素10%）	用于防治细菌性肠炎	0.2克/千克体重，连用4～6天（海水鱼类相同）		
大黄 medicinal rhubarb	用于防治细菌性肠炎	全池泼洒：2.5～4.0毫克/升（海水鱼类相同） 拌饵投喂：5～10克/千克体重，连用4～6天（海水鱼类相同）		投喂时常与黄芩、黄柏合用（三者比例为5：2：3）
黄芩 raikai skullcap	用于防治细菌性肠炎、烂鳃、赤皮、出血	拌饵投喂：2～4克/千克体重，连用4～6天（海水鱼类相同）		投喂时常与大黄、黄柏合用（三者比例为2：5：3）
黄柏 amurcork-tree	用于防治细菌性肠炎、出血	拌饵投喂：3～6克/千克体重，连用4～6天（海水鱼类相同）		投喂时常与大黄、黄芩合用（三者比例为3：5：2）
五倍子 chinese sumac	用于防治细菌性烂鳃、赤皮、白皮、疖疮	全池泼洒：2～4毫克/升（海水鱼类相同）		

（续）

渔药名称	用　途	用法与用量	休药期（天）	注意事项
穿心莲 common andrographis	用于防治细菌性肠炎、烂鳃、赤皮	全池泼洒：15～20毫克/升 拌饵投喂：10～20克/千克体重，连用4～6天		
苦参 lightyellow sophora	用于防治细菌性肠炎、竖鳞	全池泼洒：1.0～1.5毫克/升 拌饵投喂：1～2克/千克体重，连用4～6天		
土霉素 oxytetracycline	用于治疗肠炎病、弧菌病	拌饵投喂：50～80毫克/千克体重，连用4～6天（海水鱼类相同；虾类：50～80毫克/千克体重，连用5～10天）	≥30（鳗鲡） ≥21（鲇）	勿与铝、镁离子及卤素、碳酸氢钠、凝胶合用
噁喹酸 oxolinic acid	用于治疗细菌性肠炎病、赤鳍病，香鱼、对虾弧菌病，鲈鱼结节病，鲱鱼疖疮病	拌饵投喂：10～30毫克/千克体重，连用5～7天（海水鱼类：1～20毫克/千克体重；对虾：6～60毫克/千克体重，连用5天）	≥25（鳗鲡） ≥21（鲤、香鱼） ≥16（其他鱼类）	用药量视不同的疾病有所增减
磺胺嘧啶（磺胺哒嗪）sulfadiazine	用于治疗鲤科鱼类的赤皮病、肠炎病，海水鱼链球菌病	拌饵投喂：100毫克/千克体重，连用5天（海水鱼类相同）		1. 与甲氧苄氨嘧啶（TMP）同用，可产生增效作用 2. 第一天药量加倍
磺胺甲噁唑（新诺明、新明磺）sulfamethoxazole	用于治疗鲤科鱼类的肠炎病	拌饵投喂：100毫克/千克体重，连用5～7天	≥30	1. 不能与酸性药物同用 2. 与甲氧苄氨嘧啶（TMP）同用，可产生增效作用 3. 第一天药量加倍

（续）

渔药名称	用　途	用法与用量	休药期（天）	注意事项
磺胺间甲氧嘧啶（制菌磺、磺胺-6-甲氧嘧啶）sulfamonomethoxine	用于治疗鲤科鱼类的竖鳞病、赤皮病及弧菌病	拌饵投喂：50～100毫克/千克体重，连用4～6天	≥37（鳗鲡）	1. 与甲氧苄氨嘧啶（TMP）同用，可产生增效作用 2. 第一天药量加倍
氟苯尼考 florfenicol	用于治疗鳗鲡爱德华氏病、赤鳍病	拌饵投喂：10毫克/千克体重，连用4～6天	≥7（鳗鲡）	
聚维酮碘（聚乙烯吡咯烷酮碘、皮维碘、PVP－I、伏碘）（有效碘1%）povidone-iodine	用于防治细菌性烂鳃病、弧菌病、鳗鲡红头病，并可用于预防病毒病：如草鱼出血病、传染性胰腺坏死病、传染性造血组织坏死病、病毒性出血性败血症	全池泼洒： 海水、淡水幼鱼、幼虾：0.2～0.5毫克/升；海水、淡水成鱼、成虾：1～2毫克/升 浸浴： 草鱼种：30毫克/升，15～20分钟；鱼卵：30～50毫克/升（海水鱼卵：25～30毫克/升），5～15分钟		1. 勿与金属物品接触 2. 勿与季铵盐类消毒剂直接混合使用

注：①用法与用量栏未标明海水鱼类与虾类的均适用于淡水鱼类。②休药期为强制性。

参 考 文 献

陈兴乾，陈钦培 . 2010. 龟鳖养生草本 . 哈尔滨：哈尔滨出版社 .

顾博贤 . 2011. 珍稀黄缘 . 北京：中国文联出版社 .

黄斐群，张秋明，马桂玉 . 2009. 养殖池边角种植藤蔓和花草对广西拟水龟幼成龟生产性能的影响 . 现代农业科技（3）：218-222.

梁雨祥 . 2012. 广西特色水产畜牧业发展研究论文集 . 北京：中国农业出版社.

刘颂，张秋明，黄艳阳，等 . 2014. 齿缘龟的生物学特性及繁殖养殖技术 . 中国水产（2）：48-50.

刘颂，张秋明，马桂玉，等 . 2008. 广西拟水龟养殖生产现状与发展对策 . 海洋与渔业（11）：37-39.

王育锋 . 2009. 优良龟类健康养殖大全 . 北京：海洋出版社 .

于清泉 . 2012. 养龟技术 . 北京：金盾出版社 .

余晓丽，施军 . 2008. 庭院小水体高效养殖 . 南宁：广西人民出版社 .

张秋明，黄艳阳，黄伟德，等 . 2010. 广西名优龟鳖健康养殖技术 . 北京：中国农业出版社 .

张秋明，黄艳阳，钟强，等 . 2011. 龟鳖养殖成为广西地方特色产业 . 中国水产（10）：18-20.

张秋明，刘坚红，黄斐群，等 . 2009. 广西拟水龟生态健康养殖技术 . 中国水产（4）：30-32.

赵尔宓 . 1997. 中国龟鳖动物的分类与分布研究 . 四川动物，15（增刊）：1-26.

中国科学院 . 1998. 中国动物志・爬行纲・第一卷 . 北京：科学技术出版社 .

周婷，腾久光，王一军 . 2001. 龟鳖养殖与疾病防治 . 北京：中国农业出版社.

图书在版编目（CIP）数据

名优龟类高效养殖致富技术与实例/张秋明主编．—北京：中国农业出版社，2015.4
（全国主推高效水产养殖技术丛书）
ISBN 978-7-109-20195-8

Ⅰ.①名… Ⅱ.①张… Ⅲ.①龟科－淡水养殖 Ⅳ.①S966.5

中国版本图书馆 CIP 数据核字（2015）第 034660 号

中国农业出版社出版
（北京市朝阳区麦子店街 18 号楼）
（邮政编码 100125）
责任编辑 郑 珂

中国农业出版社印刷厂印刷 新华书店北京发行所发行
2016 年 5 月第 1 版 2016 年 5 月北京第 1 次印刷

开本：880mm×1230mm 1/32 印张：4.25 插页：16
字数：105 千字
定价：80.00 元

彩图1　越南三线闭壳龟头部和颈部
彩图2　越南三线闭壳龟背部
彩图3　越南三线闭壳龟腹部（米底）
彩图4　越南三线闭壳龟腹部（黑底）
彩图5　海南三线闭壳龟头部和颈部

彩图6 海南三线闭壳龟背部
彩图7 海南三线闭壳龟腹部（米底）
彩图8 海南三线闭壳龟腹部（黑底）
彩图9 野生驯化养殖的三线闭壳龟外观

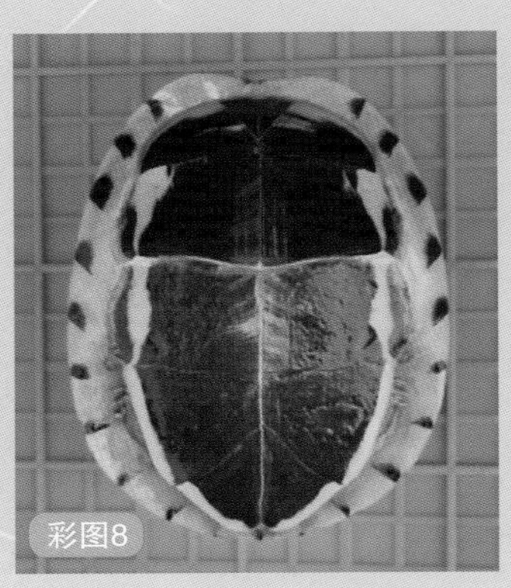

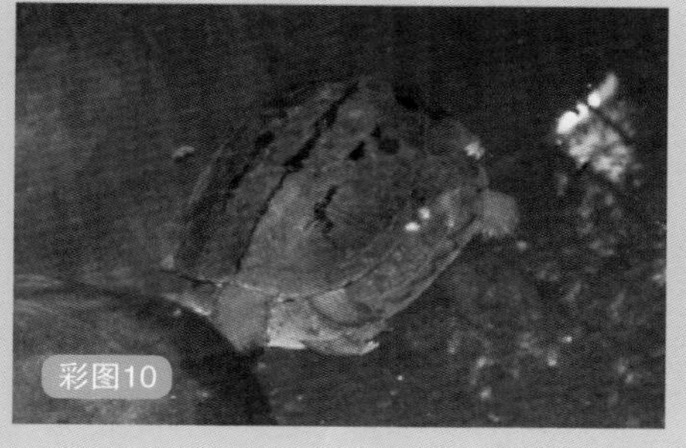

彩图 10　三线闭壳龟在水中交配前期状态

彩图 11　三线闭壳龟挖窝产卵的情形

彩图 12　三线闭壳龟产卵的情形

彩图 13　三线闭壳龟受精卵孵化时的放置方式

彩图 14　三线闭壳龟稚龟出壳的情形

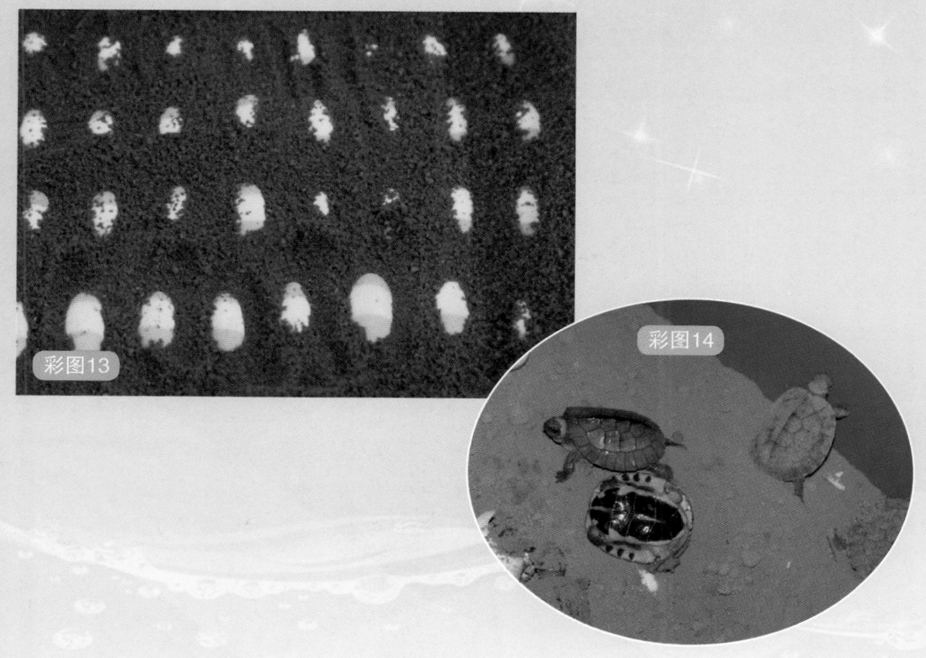

彩图15

彩图16

彩图17

彩图 15　三线闭壳龟保温养殖池内设置的陆地

彩图 16　三线闭壳龟幼龟养殖水深刚没过背甲

彩图 17　三线闭壳龟种龟池建造模式一

彩图 18　三线闭壳龟种龟池建设模式二

彩图 19　三线闭壳龟种龟池建设模式三

彩图18

彩图19

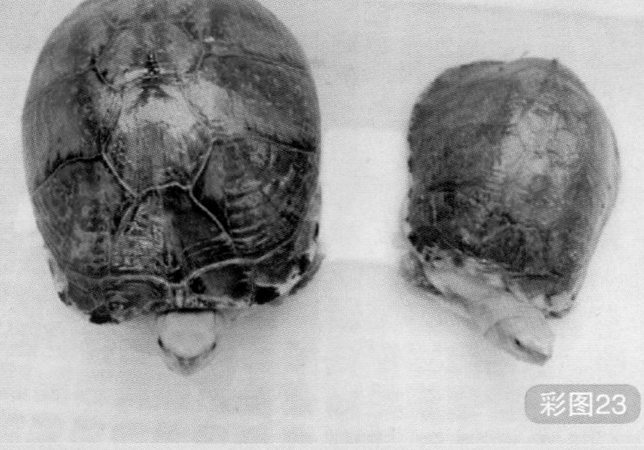

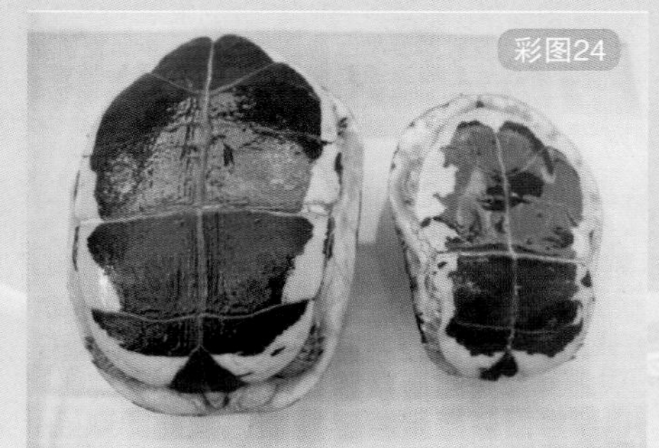

彩图20　三线闭壳龟种龟池建设模式四
彩图21　三线闭壳龟生态养殖池模式一
彩图22　三线闭壳龟生态养殖池模式二
彩图23　百色闭壳龟背面观
彩图24　百色闭壳龟腹面观

彩图25　百色闭壳龟雄龟尾部粗长
彩图26　百色闭壳龟雌龟尾部细短
彩图27　百色闭壳龟种龟养殖池模式一
彩图28　百色闭壳龟种龟养殖池模式二
彩图29　金头闭壳龟雄龟背面观

彩图30　金头闭壳龟雌龟背面观
彩图31　金头闭壳龟种龟腹面观
彩图32　金头闭壳龟稚龟背面观
彩图33　金头闭壳龟幼龟背面观
彩图34　金头闭壳龟幼龟腹面观

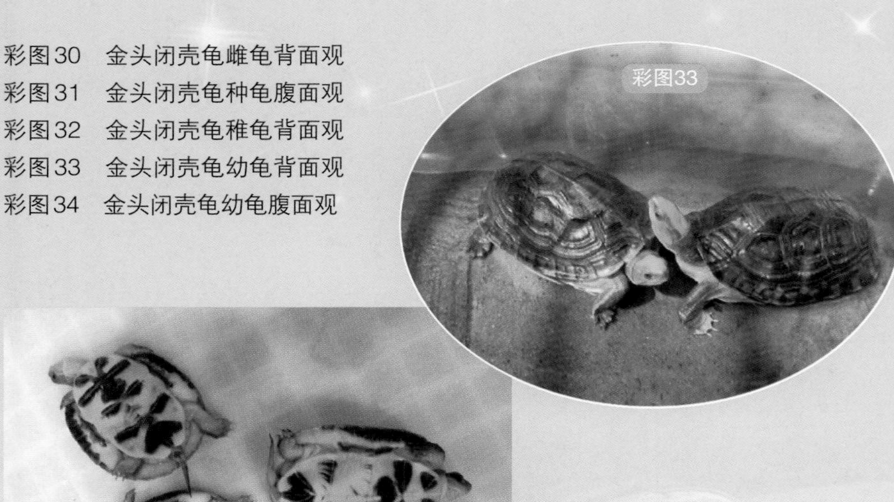

彩图35　金头闭壳龟种龟池建设模式一
彩图36　金头闭壳龟种龟池建设模式二
彩图37　黄缘闭壳龟背面观
彩图38　黄缘闭壳龟腹面观
彩图39　黄缘闭壳龟稚龟背面观

彩图40

彩图41

彩图40　黄缘闭壳龟稚龟腹面观

彩图41　黄缘闭壳龟生态养殖场环境布置模式一

彩图42　黄缘闭壳龟生态养殖场环境布置模式二

彩图43　黄缘闭壳龟龟屋搭建模式一

彩图44　黄缘闭壳龟龟屋搭建模式二

彩图42

彩图43

彩图44

彩图45

彩图46

彩图47

彩图48

彩图49

彩图45　黑颈乌龟背面观
彩图46　黑颈乌龟腹面观
彩图47　黑颈乌龟稚龟背面观
彩图48　黑颈乌龟稚龟腹面观
彩图49　黑颈乌龟生态养殖池模式一

彩图50　黑颈乌龟生态养殖池模式二
彩图51　广西拟水龟背面观
彩图52　广西拟水龟腹面观
彩图53　广西拟水龟挖窝准备产卵
彩图54　广西拟水龟受精卵孵化放置方式

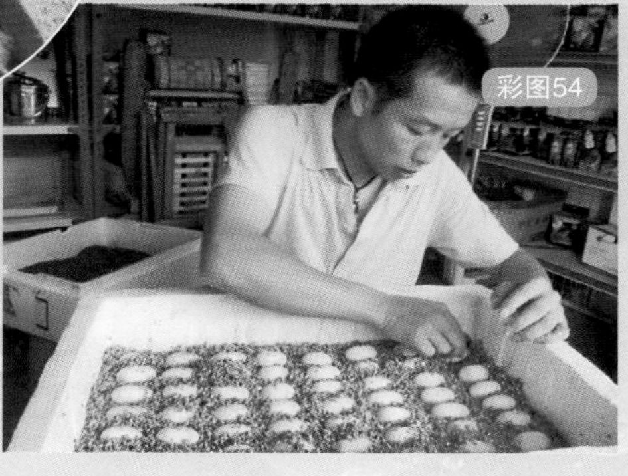

彩图55　正在出壳的广西拟水龟稚龟

彩图56　出壳后卵黄囊还没吸收完的稚龟

彩图57　用黄泥作为孵化介质孵化广西拟水龟

彩图58　广西拟水龟孵化出壳状态

彩图59　用木工刨花作为孵化介质的玻璃房孵化床
彩图60　刨花介质中的广西拟水龟稚龟孵化出壳状态
彩图61　10冬龄以上的广西拟水龟雌龟产的稚龟
彩图62　广西拟水龟稚龟黑色，个体大，背脊黑线明显
彩图63　体重25克的广西拟水龟稚龟外观

彩图64　体重50克的广西拟水龟幼龟外观
彩图65　广西拟水龟室内越冬养殖池模式一
彩图66　广西拟水龟室内越冬养殖池模式二
彩图67　广西拟水龟种龟室外养殖池模式
彩图68　广西拟水龟室外生态养殖池模式

彩图69　广西拟水龟楼顶繁殖养殖池模式
彩图70　广西拟水龟生态繁殖养殖池模式
彩图71　安南龟背面观
彩图72　安南龟腹面观
彩图73　安南龟养殖池建设模式一

彩图74　安南龟养殖池建设模式二

彩图75　安南龟稚龟外观形态

彩图76　安南龟稚龟头部背面边缘的线纹形状

彩图77　亚洲巨龟背面观

彩图78　亚洲巨龟腹面观

彩图79

彩图80

彩图81

彩图79　亚洲巨龟抢食西瓜的情形
彩图80　亚洲巨龟抢食香蕉的情形
彩图81　亚洲巨龟水中交配的情形
彩图82　亚洲巨龟小型种龟养殖池模式
彩图83　亚洲巨龟大型种龟养殖池模式

彩图82

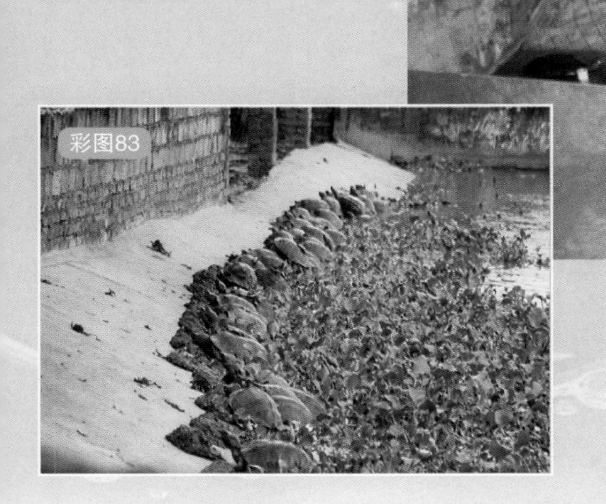
彩图83

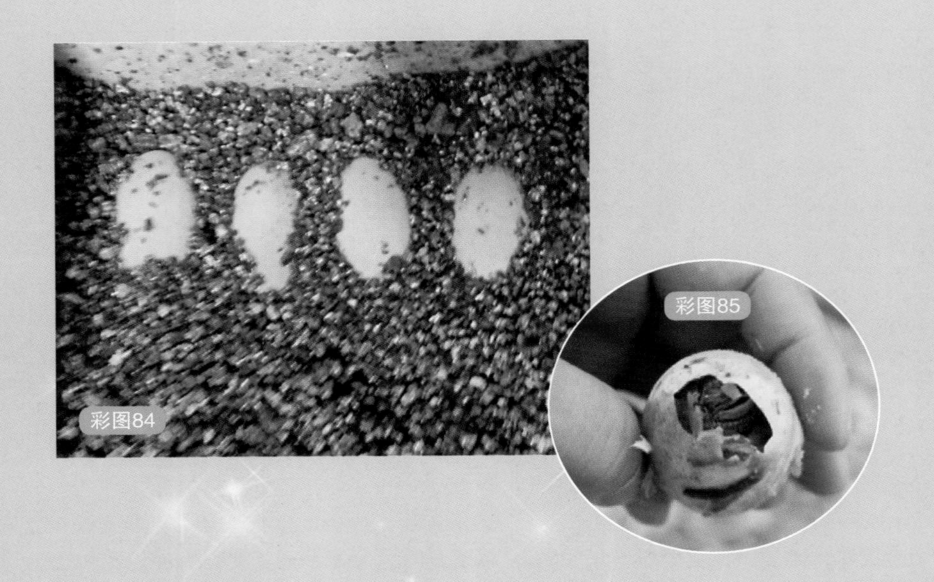

彩图84　孵化中的亚洲巨龟卵
彩图85　准备出壳的亚洲巨龟稚龟
彩图86　亚洲巨龟稚龟外观形态
彩图87　亚洲巨龟后期稚龟
彩图88　亚洲巨龟幼龟

彩图89　亚洲巨龟生态养殖池模式

彩图90　亚洲巨龟养殖车间的情形

彩图91　齿缘摄龟背面观

彩图92　齿缘摄龟腹面观

彩图93　齿缘摄龟亲龟养殖池
彩图94　齿缘摄龟生态养殖池
彩图95　齿缘摄龟稚龟背面观
彩图96　齿缘摄龟稚龟腹面观

彩图97　黄头庙龟雄龟背面观
彩图98　黄头庙龟雄龟腹面观
彩图99　黄头庙龟雌龟背面观
彩图100　黄头庙龟雌龟腹面观

彩图101　黄头庙龟小型养殖池模式一
彩图102　黄头庙龟小型养殖池模式二
彩图103　黄头庙龟在水中活动的情形
彩图104　黄头庙龟在水中交配的情形

彩图105　黄头庙龟稚龟背面观

彩图106　黄头庙龟稚龟背面观和腹面观

彩图107　患胃肠炎的龟可见胃、肠道有黄色液体

彩图108　患肺炎的龟解剖可见肺部充血

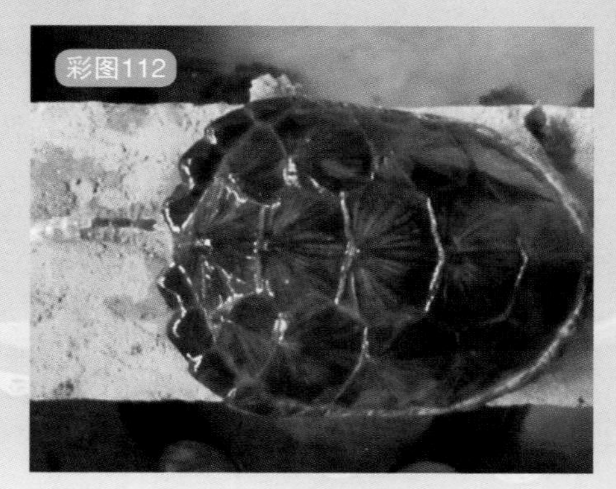

彩图109　患肝胆综合征的龟肝脏发白、肿胀

彩图110　患绿脓假单细胞菌败血症的龟

彩图111　患白眼病的龟眼圈周围有白色分泌物

彩图112　患腐皮病的龟尾部末端表皮腐烂

彩图113

彩图114

彩图113　龟烂甲病
彩图114　龟腐甲病
彩图115　龟水霉病
彩图116　龟纤毛虫病

彩图115
彩图116

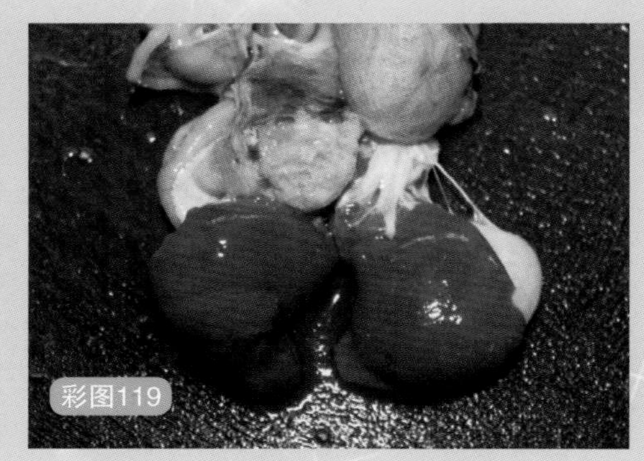

彩图117　龟体外寄生虫病

彩图118　龟患软甲病，手捏缘盾明显感觉软

彩图119　龟患肺呛水，解剖检查可见肺部进水、充血

彩图120　龟畸形病

示范基地平面示意图

主要从事黄缘闭壳龟、广西拟水龟、安布闭壳龟、庙龟、风叶龟、四眼龟等名优龟鳖亲本、苗种与成龟繁育以及教研。

A区主任：包卫名

手机：15878134600

主要从事广西拟水龟、安南龟、斑点池龟、黄缘闭壳龟等名优龟鳖亲本、苗种与成龟繁育以及教研。

B区主任：陈琳

手机：15877183344

主要从事金钱龟、百色闭壳龟、安南龟、黑颈乌龟、广西拟水龟等名优龟鳖亲本、苗种与成龟繁育以及教研。

C区主任：谢光华

手机：13978830988

主要从事艾氏拟水龟、佛鳄龟、斑点池龟、广西拟水龟、安南龟、黄缘闭壳龟等名优龟鳖亲本、苗种与成龟繁育以及教研。

D区主任：张泽君

手机：13977559988

主要从事亚洲巨龟、齿缘摄龟、广西拟水龟、小鳄龟等名优龟鳖亲本、苗种与成龟繁育以及教研。

E区主任：张汉

手机：18377132124

示范基地A区

示范基地B区

示范基地C区

示范基地D区

示范基地E区

基地主道

水循环处理系统区

黑颈乌龟

广西拟水龟

小鳄龟

亚洲巨龟幼龟

广西大学–东盟动物种源基地龟鳖繁育中心

地址：广西壮族自治区南宁市秀灵路75号　广西大学动物科学技术学院教学科研基地

北海市宏昭农业发展有限公司

公司简介 Company Profile

北海市宏昭农业发展有限公司（以下简称“宏昭公司”）是国内从事龟鳖繁殖和产品开发的领先企业，20多年来致力于以龟鳖生态健康为根本，研发可持续健康发展的优质龟鳖精品为宗旨，推广龟鳖文化于世界为长远目标。场区建设以生态绿色为主线，建有龟鳖生态健康养殖区、技术交流培训中心、疾病预防控制研究室、龟鳖文化展馆、产品展销中心等，现已成为龟鳖发展行业的示范基地、现代农业观光旅游的好地方。

龟鳖健康种苗、文化推广及第三产业充满着良好的发展前景，宏昭公司在繁养的60余种名、贵、优、特、稀及观赏类龟鳖种苗销售、收购的平台上推出了龟鳖标本（制作、销售）、老龟鳖酒、龟苓膏、全龟粉等系列优质龟鳖精品产品，不断研究，满足龟鳖行业发展的需求，为龟鳖行业发展提供服务。

联系电话：18677941288、18677984388、18677438838
邮箱：beihaihongzhao@163.com
Q Q：118034281

宏昭公司部分龟、鳖品种

黑颈乌龟（广西种），“养龟皆养德，托起中国红”

斑点池龟，冉冉上升的明日之星

亚洲巨龟，“养有亚洲巨，财源有觅处”

宏昭公司部分龟、鳖产品

龟、鳖标本制作、待加工

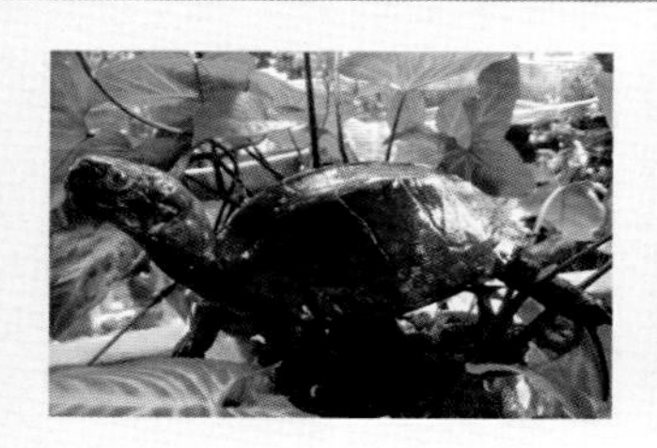

广西金斛发农业科技有限公司宗旨

和谐、进取、超越、感恩！

百色闭壳龟（拉丁文名*Cuora mccordi*）:属淡水龟科、闭壳龟属，又称麦氏闭壳龟。

特征：成体背甲红棕色、较隆起，长130毫米左右，中线有一低脊棱。腹甲边缘黄色，有1块几乎覆盖大部分腹甲的黑斑；腹甲前后两半以韧带相连，可完全闭合于背甲。前肢被大鳞，后肢被小鳞，指（趾）间具蹼。头部黄色，有1条镶黑边的橘黄色眶后纹。

金钱龟（拉丁文名*Cuora trifasciata*）:属淡水水栖龟类，国家二级重点保护野生动物，学名叫三钱闭壳龟，又称红边龟、金头龟、红肚龟，是传统的中药材。